U0300092

收纳生活情怀，将不可能变为可能

我的小家就要

大收纳

童 蒙 编著

中国电力出版社
CHINA ELECTRIC POWER PRESS

内 容 提 要

本书以手绘漫画的图解形式向读者呈现现代住宅家居空间的收纳知识，采取手绘漫画图与文字同步的方式来讲解，主要内容涵盖家居各空间物品的收纳、整理方法，将收纳与装修相结合，提出自主装修设计与收纳相结合的全新理念，使读者能够轻松了解装修收纳方法，真正达到快学、快用全能通的目的。本书不仅介绍家居空间设计、收纳方法，还详细给出各种生活空间的尺寸，方便读者在设计时对照参考。本书适合装饰装修设计师、装修业主阅读，也适合对家居收纳感兴趣及热爱生活的读者。

图书在版编目（CIP）数据

我的小家就要大收纳/童蒙编著. —北京：中国电力出版社，2018.2
ISBN 978-7-5198-1365-9

Ⅰ．①我… Ⅱ．①童… Ⅲ．①家庭生活－基本知识 Ⅳ．①TS976.3

中国版本图书馆CIP数据核字（2017）第290558号

出版发行：中国电力出版社
地　　址：北京市东城区北京站西街19号（邮政编码100005）
网　　址：http://www.cepp.sgcc.com.cn
责任编辑：梁　瑶　王　倩　ian_w@163.com
责任校对：王小鹏
装帧设计：弘承阳光
责任印制：杨晓东

印　　刷：北京盛通印刷股份有限公司
版　　次：2018年2月第一版
印　　次：2018年2月北京第一次印刷
开　　本：880毫米×1230毫米 32开本
印　　张：10
字　　数：227千字
定　　价：68.00元

我有很多东西装不下

生活水平越来越高，买回来的东西也就越来越多，家里装不下也就再正常不过了，想都留下这些花了真金白银买回来的东西可就犯难了，那么，多大的房子才能满足我们的需求？

茫然的答案只有一个：多大的房子都装不下。

科学的答案还有一个：再小的房子都装得下！

家居收纳是一门实用主义科学，是每个家庭、每个人都需要面对的问题。小时候没觉得，等到成人了，结婚了，有家了，才真切地感到家居收纳与生活质量紧密相关。

能装东西的"神器"很多，类似超市生活用品的货架，买回去的确很能装，但是房子的面积是一个永恒不变的现实，新买的"神器"仅仅是将杂乱的物品整理归齐，"神器"本身还是要占据空间的。单纯的整理不代表收纳，相反整理归齐还可能影响日后的取用。在真实的生活场景中，无论买多少东西回来，终归是需要地方放的。这样会产生两个问题，一是让居住压抑，二是让取用不便利。收纳的本质是要解决这两个问题。

本书的收纳体验以理性思维贯穿家居每一空间，突破传统家居生活的思想观念，给大家带来耳目一新的直观感受。将小家收纳从生活上升到科学，从技术上升到艺术，引导热爱生活的人，将赋予情感的东西完美收纳起来，只要有心，再多的东西都能装下。

编者

2017年12月

目　录

卧室不仅只有大衣柜/154

多功能书房囤物/196

卫生间也是万能的/222

Chapter 1

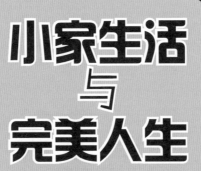

小家生活
与
完美人生

我的家很小吗?
不同的家与相同的生活
租房也罢买房也罢

我的家很小吗？

◎现在什么东西最贵？

☆房子～

◎能买到便宜房子吗？

☆单价买不到，总价还是可以的。

◎怎么讲？

☆买小房子呗！

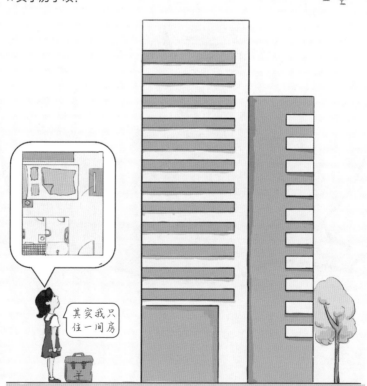

其实我只住一间房

住宅的变迁

◎住宅是不是一成不变的?

☆随着年龄的增长，住宅也在不断变换，根据条件和需要来选择适合实际的住宅。

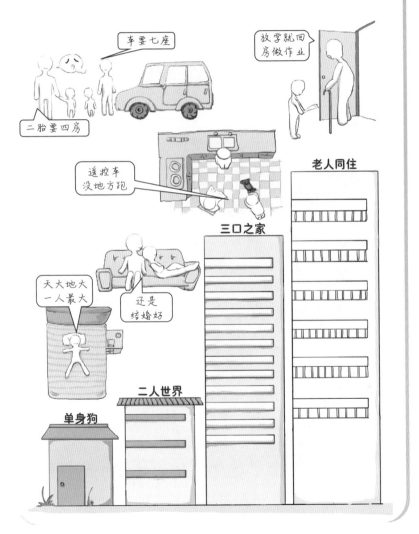

你能买到的模板小家

现在全国各地热卖的两种结构的户型，一种是80~90m²标准两室两厅一卫，另一种是110~130m²标准三室两厅两卫。

两房两厅一卫87.65m²住宅户型图

三房两厅两卫126.32m²住宅户型图

　　这两种户型代表了大多数购房者的需求，基本也能满足不同家庭日常生活起居。要想收纳更多的东西，就需要认真设计，在设计中创造出无限空间。

好多东西无处安家

　　有了家之后，随着时间的推移，用过和没用过的东西越来越多，丢了怕又要用，不丢又没地方放。

仔细瞧瞧其实家也不小

　　每个家庭都有很多共性的收纳家具，各种柜子就是典型的代表。柜子的尺寸决定了收纳内容与收纳方法，具有创造性的收纳思维能解决不少问题，同时也能拓展家的容量。

不同的家与相同的生活

你有几个家?

◎你有几个家?

☆?

◎父母的家，学校的家，单身的家，结婚的家……

☆亲戚家、朋友家也算吗?

◎有什么不同?

☆合住的人不同。

◎有什么相同?

☆吃喝拉撒、衣食住行相同。

儿时老家

单位宿舍

学校寝室

理想别墅

理想很丰满
现实很骨感

居家的主要生活

吃饭

占据了在家约10%的时间，从买菜回家到烹饪美味，再到收拾碗筷。期间必须有一个前提，那就是你要会做饭。

睡大觉

占据了在家约60%的时间，每天要保证约8小时睡眠。

看手机

占据了在家约10%的时间，这些时间毫不留情地全部给了手机。

居家的次要生活

做家务
占据了在家约10%的时间，打扫卫生，整理东西，将小家收拾得干干净净、整整齐齐。

学知识
占据了在家约5%的时间，不学习就会落后，学习的动力来源于求知欲，这也造就了书桌、书柜是不可缺少的收纳设施。

CCTV6

八卦片
肥皂剧

动作片
抗战剧

看电视
占据了在家约5%的时间，电视不好看，重要的是和谁在一起看，看什么电视。手机能代替电视，但手机代替不了人。

不在家进行的生活

购物

无处不在的网络让购物更便捷，随时随地的购物行为，已经脱离了只有在家才能上网购物的传统生活。

外卖

会做饭也不想做饭，只要有各种优惠券，几块钱吃饱不是梦想，每天每餐不一样，荤素搭配翻花样。

祝您用餐愉快

实在想不出跨出家门的理由了~

更想不到宅在家能干什么了~

011

租房也罢买房也罢

你买房了吗？

◎你买房了？

☆勒紧裤带买了一套90m²标准两居室。

◎感觉怎样？

☆不用再看房东脸色了！

◎和租房有什么不同？

☆不用考虑搬家，可以无止境地买东西回家了。

90m²两房准二线城市租房价格（2017年参考）

租房 租金：每月2800元×12月×30年＝100.8万元

涨幅：租金每年涨幅5%约151.2万元

租金＋涨幅＝252万元

多花钱
永远无房
无升值机会

90m²两房准二线城市买房价格（2017年参考）

买房 房价：16000元×90m²＝144万元

首付：30%约43.2万元

30年本息共192.6万元

首付＋30年本息＝235.8万元

少花钱
有不动产
有升值机会

租房的生活一般很单调

①
◎租金贵房太小怎么办?
☆少买东西,可以省钱。
◎已经买了放不下怎么办?
☆多买箱子堆着放!
◎下策,也只能如此。

②
◎租金要涨价怎么办?
☆换个地方租~
◎下策,也只能如此。

下月要涨价
不行就搬走

③
◎结婚了能租房吗?
☆真爱无敌啊。
◎丈母娘那一关过不了吧?
☆看你智商＋情商的水平了。

公寓房

④
◎租房生活好单调。
☆上班去,下班回,很有规律吧。
◎不想在出租房里待太久。
☆有空出门走一走!
◎@＃％＃￥……

出租房

买房的生活很丰富

1
◎还是定制衣柜好。
☆想装多少装多少！
◎隔板能随意拆装吗？
☆可以拆装的价格要更贵些。
◎不差钱，房价涨就永远都在赚。

2
◎买了房需要户口簿？
☆当然，要明确所在地域。
◎那不动产证什么时候能办理？
☆交房以后即可。

3
◎大床小床都备好了吗？
☆全是实木＋软包。
◎房够用了吗？
☆标准两居室+书房。

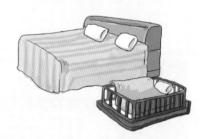

4
◎买房后的生活好单调。
☆赖在沙发上不想出门吧。
◎花了大价钱买来的房，不多**待**觉得划不来。
☆饿了吗？
◎饿了……

饿了么

东西多了还是会回到租房时代

结了婚，生了孩子，家里东西越来越多，眼看家里越来越乱，每次收拾忙活得满头大汗，还是跟原来差不多，看见人家家里那么整洁，很眼馋。特别喜欢那种坐在家里泡上一壶茶，看着周围窗明几净的感觉，可如今又像回到了租房时代，家里满满的，但就是没有收纳的天赋。

例如：孩子衣服，怎么叠，也是大小不一，折多了，太小了，不好放，折少了又太占地；玩具用箱子放，里面浪费的空间太多了，摆不整齐，用袋子放，又歪歪扭扭，不好摆；厨房里的家伙要用的时候不知道拿哪一个，自己都觉得特别不方便，但就是想不出来好办法。

每次看人家把某类东西随便一收，方便又整洁，自己就拍脑袋，怎么自己想不到呢，家里买了多个整理箱、整理柜，东西也都不见少，房间反而越来越满，愁死人了。

为什么会有这么多东西

东西是怎么来的?

◎为什么会有这么多东西?

☆不知道,不知不觉就买了呗。

◎不止有买的吧?

☆还有人家送的,找人要的,捡的?

◎捡的?

☆……

东西都到哪里去了？

◎拎进门的东西最终放在哪里了？

☆柜子里。

◎放不下怎么办？

☆开动脑筋才能放下。

梳妆台 　　　 衣柜 　　　 鞋柜

书柜 　　　 阳台柜 　　　 橱柜

房价和物价谁更便宜

房子买不起东西还是买得起的

◎ 看着高额房价就烦。

☆ 得找个释放自我的门道。

◎ 买买买。

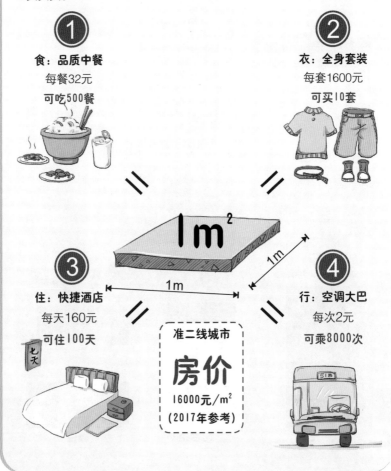

① 食：品质中餐

每餐32元

可吃500餐

② 衣：全身套装

每套1600元

可买10套

1m²

1m × 1m

③ 住：快捷酒店

每天160元

可住100天

准二线城市

房价

16000元/m²

（2017年参考）

④ 行：空调大巴

每次2元

可乘8000次

高价房装廉价货

◎房买了能装很多东西吗？

☆当然。

◎那我怎么觉得装着别扭？

☆因为你装的都是垃圾！

鞋包

服装

整理箱

被褥

童车

厨具

电器

收纳盒

图书相框

不用、少用、常用与专用

◎为什么会留着不用的东西？

☆有地方装，就先放着。

◎新买的东西为什么没地方放？

☆以前的东西占着地方呢。

◎那为什么不把旧东西扔掉，把地方腾出来？

☆总觉得还会有用。

新货

按使用频率合理收纳

◎其实家里的柜子还是很多的，一不留神就装满了。

☆常用的放中间和外面，专用的放侧面，少用的放下面，不用的放上面。

◎既然不用那为什么还要放?

☆治疗你的囤积症!

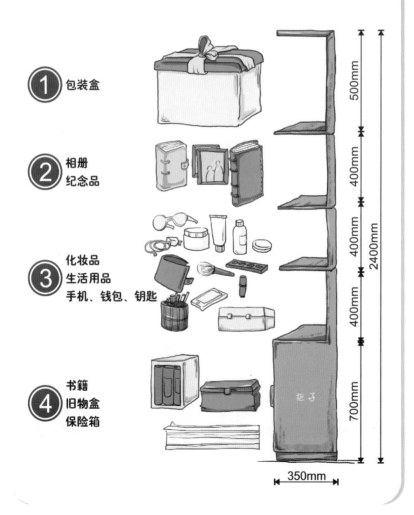

1 包装盒

2 相册
纪念品

3 化妆品
生活用品
手机、钱包、钥匙

4 书籍
旧物盒
保险箱

500mm

400mm

400mm

400mm

2400mm

700mm

柜子

350mm

囤积症的治疗方案

囤积症是一种心理疾病

◎你有囤积症吗？

☆不知道，但是总有东西舍不得扔。

◎为什么不扔？

☆花钱买的，钱多难赚啊。

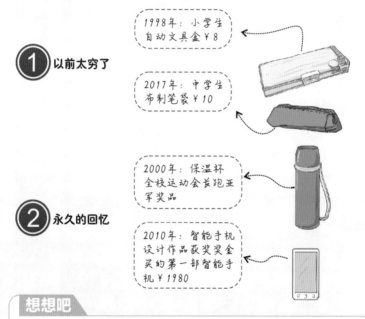

①以前太穷了

1998年：小学生
自动文具盒 ￥8

2017年：中学生
布制笔袋 ￥10

②永久的回忆

2000年：保温杯
全校运动会长跑亚
军奖品

2010年：智能手机
设计作品获奖奖金
买的第一部智能手
机 ￥1980

想想吧

很多人喜欢购买、收藏、囤积一切有价值的甚至无价值的东西，把房子塞得满满当当。这其实是一种"病"，学名为强迫性囤积症，俗称"囤积狂"。囤积症与两个因素相关，第一是行为习惯和个人经历过的贫困生活有关；第二是年岁越长阅历越丰富，旧东西毕竟承载着许许多多的记忆，所以才会保存。

治疗痊愈不容易

◎怎样治疗囤积症?

☆你试着问自己几个问题就可以。

◎回答这些问题很容易。

☆回答后做个简单的总结就能痊愈了。

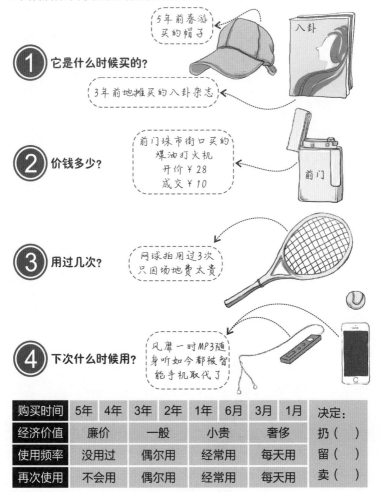

5年前春游
买的帽子

1 它是什么时候买的?

3年前地摊买的八卦杂志

2 价钱多少?

前门珠市街口买的
煤油打火机
开价￥28
成交￥10

3 用过几次?

网球拍用过3次
只因场地费太贵

4 下次什么时候用?

风靡一时MP3随
身听如今都被智
能手机取代了

购买时间	5年	4年	3年	2年	1年	6月	3月	1月	决定:
经济价值	廉价		一般		小贵		奢侈		扔（　）
使用频率	没用过		偶尔用		经常用		每天用		留（　）
再次使用	不会用		偶尔用		经常用		每天用		卖（　）

Chapter 2

设计师

懒得理你.

设计师刚毕业

免费设计只管签单

只谈硬装的设计师

收纳设计 ≠ 可以继续买

后设计阶段的自我解决之道

设计师刚毕业

设计师学过收纳吗

◎设计师懂收纳吗？

☆看运气吧，希望你能遇到懂收纳的设计师。

①

问：橱柜里怎样分类？

业余答：常用的小件物品放上柜，不常用的大件放下柜。

专业答：上柜放置不常用的餐具、备用调料、包装袋、小容器等；橱柜台面与墙面挂置最常用的餐具、炊具、工具、调料；下柜放置较常用的电器、设备、粮食、大容器等。

②

问：衣柜里的袜子和长裤怎么放？

业余答：袜子放在最小的抽屉里，长裤叠起来放搁板上。

专业答：袜子折叠后放入带分割的抽屉中，长裤挂在金属裤架上，收纳袜子抽屉一般独立设计在裤架上方。

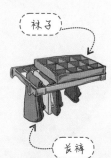

袜子

长裤

③

问：书柜的书多了放不下怎么办？

业余答：选一部分处理掉，或收入整理箱后放衣柜底部。

专业答：将书平放可以增加书柜容量，新做的书柜深度设计成400mm，可以竖向放两层32开小书，或横放1层16开大书。

32开

16开

400mm

柜子设计师

◎家装设计师能设计怎样收纳吗?

☆只设计柜子,给你设计更多的柜子。

◎为什么?

☆柜子最贵,越多越赚钱。

公司报价:980元/m²(参考)
绝大多数装饰公司无门储藏柜的报价都在千元左右,主要采用E1级免漆生态板制作,如果要换更高档更环保板材,得另外加钱。

实际成本:480/m²(参考)
木工人工费200元/m²,板材和其他辅料综合成本280元/m²。不管你是否相信,事实如此。

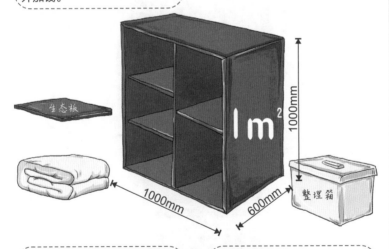

生态板

1m²

1000mm

1000mm

600mm

整理箱

能装大件
装大件没话说,想装多少装多少,但是叠被子要注意,柜子的深度是600mm,想要更深,费用加倍。

不装小件
小件不好装,需要另外配置大小不同的整理箱,再将整理箱放入柜中,收纳并不方便,只用于不常用的东西。

免费设计只管签单

画好图纸等着您

◎刚刚踏进装修公司，设计师就递上了户型图，他怎么知道我的需求？

☆有种设计软件叫"×家乐"，全国各地楼盘户型图和效果图都已备好了，就等你去签单。

◎楼上楼下户型相同，难道设计图都是一样的吗？

☆这个单元的房子都是您的吗？

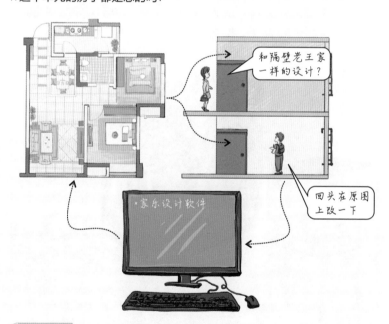

想想吧

万能的互联网上能下载各种免费设计软件，瞬间能画出各种户型图、效果图，甚至施工图。装饰公司的设计师是业主的绘图员，免费设计不是目的，对着图纸签单才是王道。

签单先于设计

◎请设计师帮我考虑电单车存放的位置？

☆签了合同，会有整体平面图，您可以自由安排。

◎请设计师帮我在走道顶部设计一个储物隔层？

☆签了合同，会有整体顶面图，您可以自由安排。

◎请设计师帮我考虑被褥怎么放？

☆签了合同，会有家具立面图，您可以自由安排。

◎哦。

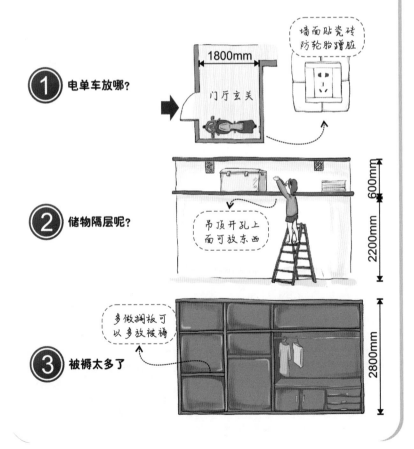

1 电单车放哪？

1800mm

门厅玄关

墙面贴瓷砖
防轮胎蹭脏

2 储物隔层呢？

吊顶开孔上
面可放东西

600mm

2200mm

3 被褥太多了

多做搁板可
以多放被褥

2800mm

只谈硬装的设计师

硬装是装修之本

◎鞋柜做高多放搁板可以吧，可以装很多东西的。

☆OK。

◎阳台上给您做个储物柜吧，可以装很多东西的。

☆OK。

◎衣柜下部多做几个抽屉吧，可以装很多东西的。

☆OK。

◎橱柜下部增加几个拉篮吧，可以装很多东西的。

☆OK。

◎……

☆OK，全都OK，越多越好，设计师体贴周到啊。

◎……全房家具硬件制作总计18.6万元，现在签单预付30%，可享减免1.8万元。

☆呃这么贵啊。

◎并不贵，这么多家具您可以放好多东西呢。

☆能看看图纸么，我想知道怎样把那么多东西放进去。

◎签单预付30%定金即可开始设计全套图纸。

☆哦。

◎不是免费设计吗？

☆30%是定金，不是设计费，最后都
会充抵到家具款中的。

① 鞋柜与搁板

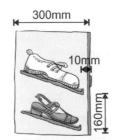

300mm

10mm

160mm

鞋柜中的搁板向内倾斜，可以减少鞋柜深度，增加走道空间，搁板最内侧预留10mm空隙让灰尘落下方便清理。

② 阳台储物柜

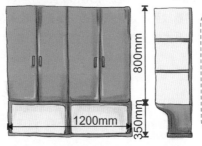

800mm

1200mm

350mm

阳台储物柜下端放置洗衣液等常用物品，可以不设柜门。

③ 衣柜的抽屉

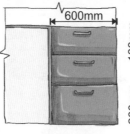

600mm

180mm

180mm

280mm

衣柜内的抽屉竖向一般为3个，上抽屉高度偏低，下抽屉高度偏高。宽度不宜超过600mm。

④ 橱柜中拉篮

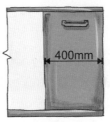

400mm

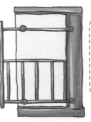

橱柜中适当安装拉篮能提高存放率。

收纳设计 ≠ 可以继续买

收纳容器琳琅满目

◎设计师很难给出收纳设计的有效建议。

☆的确如此。

◎我买了很多整理箱、小盒子、挂钩，放在柜子里面觉得多此一举，放在柜子外面，新房瞬间成屌丝俱乐部了。

☆这些收纳容器主要用于暂时使用，不能当作家具来用。

◎大型收纳容器放到固定家具周边，小型容器放到家具里面，彩色容器可以放在搁板上或玻璃柜里，挂钩只能点缀，黏贴时注意整齐。

☆正确。

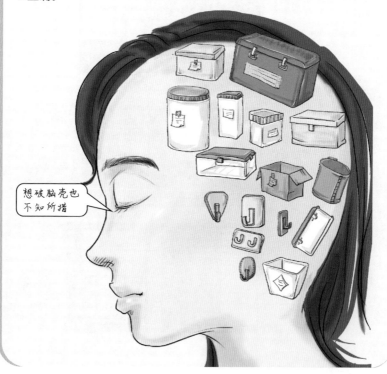

想破脑壳也
不知所措

1 整理箱的用法

整理箱具有一定的密封性，适用于书籍、文件、首饰、收藏、仪器设备等具有一定收藏价值的东西存放。不适合液体、潮湿的物品，单个整理箱装满后重量不宜超过25kg。

2 收纳盒的用法

收纳盒密封性较差，适用于玩具、化妆品、杂物等普通物品短期存放。不适合贵重物品和潮湿物品，单个收纳盒装满后重量不宜超过5kg。

3 密封容器的用法

密封容器适用于药品、食品、贵重首饰等物品存放，对于无包装的食品应选择玻璃容器，对于有包装的物品可以选择塑料容器。

4 挂钩的用法

挂钩适用于厨具、卫生间等空间的物品存放，单个挂钩能承载的重量小于2kg。

后设计阶段的自我解决之道

设计师懒得理你

◎装修到后期，设计师怎么不爱理我了？

☆人家设计师的签单已经结束了。

◎那怎么办？

☆你的家你做主，当然是自己想办法解决了。

1 买新的

人人都喜新厌旧，新的总比旧的好。无止境地购买只能导致东西放不下。

2 扔旧的

清仓除旧，但是旧物不要乱扔，环保才是关键。

3 己所不欲
勿施于人

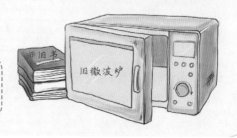

大家的生活水平都在提高，谁也不愿意用别人的旧物。

新房新家新生活

◎以前的东西很多，拿不准哪些用哪些不用？

☆试着改变一下生活方式。

◎怎么讲？

☆将你习惯的生活习惯记录下来，论证一下，看看是否科学，是否健康，纠正后再来考虑新家的收纳问题。

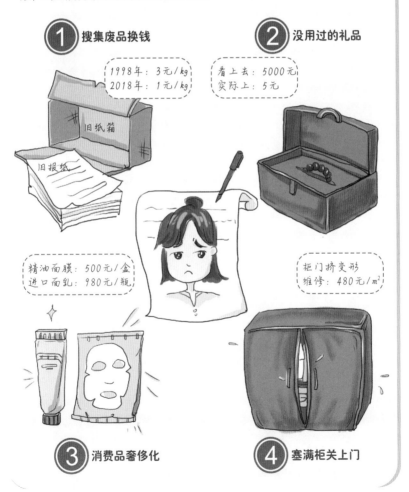

① 搜集废品换钱

1998年：3元/kg
2018年：1元/kg

旧纸箱
旧报纸

② 没用过的礼品

看上去：5000元
实际上：5元

精油面膜：500元/盒
进口面乳：980元/瓶

柜门挤变形
维修：480元/m²

③ 消费品奢侈化

④ 塞满柜关上门

Chapter

3

只买家具不管用

能装的还是家具

上哪买能装的家具?

家具的超能分区

仍有装不完的东西

家具与墙体的亲密接触

能装的还是家具

◎大衣柜是现场做，还是买？

☆无论是现场做，还是买，如今都落伍了，现在流行全屋定制家具。

◎容量很大吗？

☆超乎你的想象。

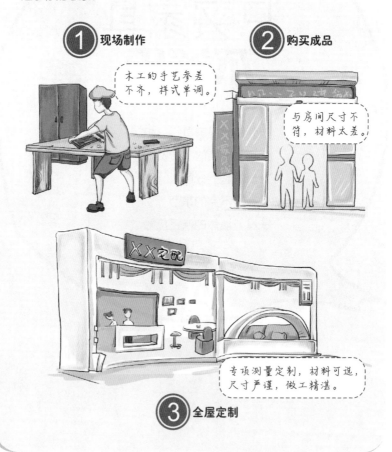

① 现场制作

木工的手艺参差不齐，样式单调。

② 购买成品

与房间尺寸不符，材料太差。

③ 全屋定制

专项测量定制，材料可选，尺寸严谨，做工精湛。

空太多的柜子

◎柜子里有空间，但是总觉得不好放东西。

☆经销商和设计师当然不知道你要装些什么，只能按常规设计。

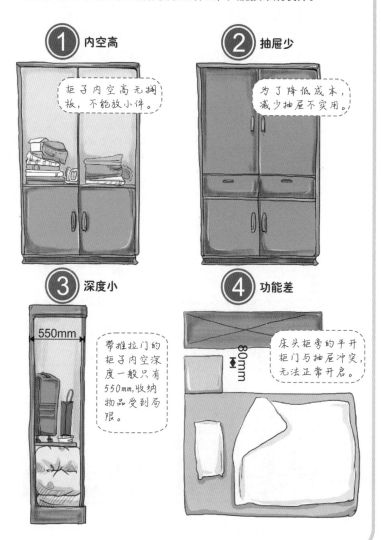

① 内空高

柜子内空高无搁板，不能放小件。

② 抽屉少

为了降低成本，减少抽屉不实用。

③ 深度小

550mm

带推拉门的柜子内空深度一般只有550mm,收纳物品受到局限。

④ 功能差

80mm

床头柜旁的平开柜门与抽屉冲突，无法正常开启。

超级能装的法宝

◎看上去和传统现场制作的家具没有区别。

☆关键在于能活动，能拆装的活动搁板。

◎木工也可以做。

☆的确，但是手工裁切的板材有误差，手工封边后误差更大，搁板拆装、换位后容易卡住。长此以往，活动搁板就变成固定搁板了。

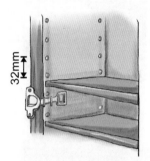

机械加工的集成家具能在柜体侧面加工承板孔，上下孔距为国际标准的32mm，孔上安装承板螺钉，用于承载搁板，可以根据需要放置搁板，满足各种物品的存放。

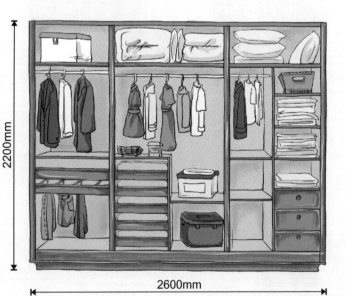

上哪买能装的家具？

◎哪里能买到能装的家具？

☆家具都能装。

◎要那种超级能装的。

☆只能选择全屋定制集成家具了。

想想吧

　　集成家具既实现了工业化的生产，又可以根据个人喜好或居住空间量身订做，而它的环保、时尚、品质、专业等诸多方面更是传统家具无法比拟的。过去家庭装修，人们选择家具多是到家具店购买现成的，或直接请木工现场制作。虽然购买的现成产品外形美观，可以随意移动摆放，品质相对稳定，批量生产价格也相对便宜，但是存在空间尺寸不严密、与家居风格难匹配等问题，其人性化考量及个性化体验也非常匮乏。每一家公司都有自己的特点、风格、颜色等，可能A的床刚好合适，B的化妆台很喜欢，但整体风格又不匹配，所以消费者只能观而叹之！而现场制作虽可量身定做，但施工的环境差，品质不易控制，专业化不足且产品粗糙，现场的万能胶、油漆造成室内污染等这样那样的问题，另外造价也比较高！集成家具不仅兼具了二者的优点，更是弥补了二者的不足。它的多种标准配件组合搭配，可以适合不同尺寸和空间变化；它的工厂机械化生产，可以保证产品品质并为家庭装修降低成本；它的省时省力省麻烦的简单快捷安装方式，非常适合追求现代生活的需要。

家具的超能分区

◎常用和不常用的东西怎么放?

☆在同一件家具中,常用的东西靠外放,放中下部,不常用的靠内放,放上部。

◎那不同房间存放有区别吗?

☆卧室放常用的,其他房间放不常用的。

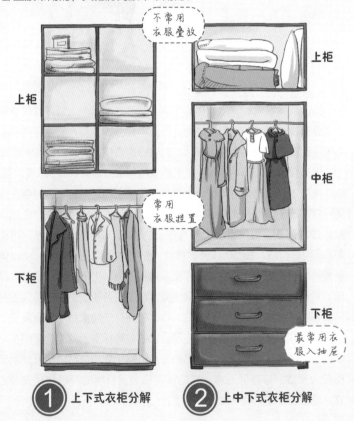

① 上下式衣柜分解　　② 上中下式衣柜分解

042

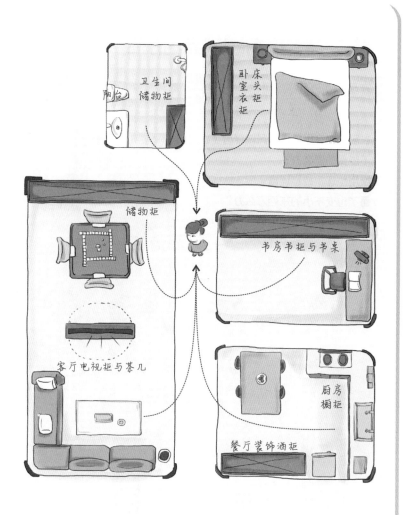

卫生间
储物柜

阳台

卧室衣柜
床头柜

储物柜

书房书柜与书桌

客厅电视柜与茶几

厨房
橱柜

餐厅装饰酒柜

想想吧

　　人在卧室、客厅、书房中停留的时间最长，那么最常用的东西应当放在这三个空间。而厨房、餐厅也能存放不少东西，但是这些东西却很少使用，容易遗忘，因此厨房、餐厅的收纳分区应当更细致。

仍有装不完的东西

家具多了还是装不下

◎家具虽然多，但还是有东西装不下？

☆衣服叠整齐再放进家具就好办了。

◎不能叠的怎么办？

☆换用整理箱或整理盒。

◎叠了也变不小的东西怎么办？

☆有种"神器"叫压缩袋。

衣服背面朝上放　　将袖子翻折　　两边翻折对齐　上下翻折对齐

基本折叠法

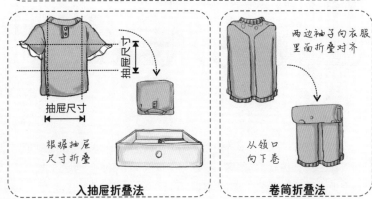

根据抽屉尺寸折叠

入抽屉折叠法

两边袖子向衣服里面折叠对齐

从领口向下卷

卷筒折叠法

大件小件叠起来

牛仔裤

纵向对折

上下对折或三折

放入衣柜

长裤

纵向缝线居中对折

上下对折或三折

裤架吊挂

衬衫

将扣子扣起
再将袖子向内折叠

竖起T恤衣领保持挺括

连帽外套

将帽子折叠成三角状

将帽子向下折叠
与衣服合为一体

连衣裙

拉开拉链
纵向对着
再上下对
折或三折

将裙摆向中
间对折整齐

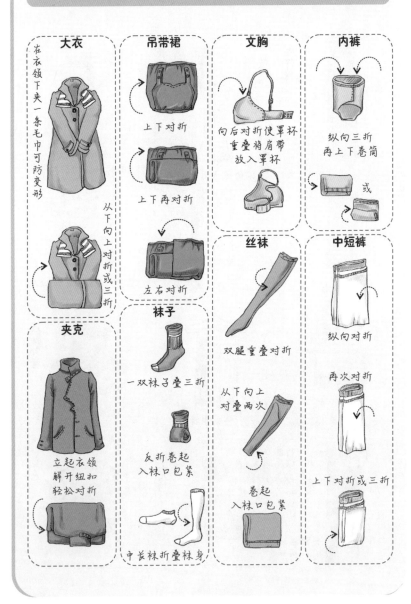

大衣

左衣领下夹一条毛巾可防变形

从下向上对折或三折

夹克

立起衣领
解开纽扣
轻松对折

吊带裙

上下对折

上下再对折

左右对折

袜子

一双袜子叠三折

反折卷起
入袜口包紧

中长袜折叠袜身

文胸

向后对折使罩杯
重叠将肩带
放入罩杯

丝袜

双腿重叠对折

从下向上
对叠两次

卷起
入袜口包紧

内裤

纵向三折
再上下卷筒

或

中短裤

纵向对折

再次对折

上下对折或三折

超级压缩袋

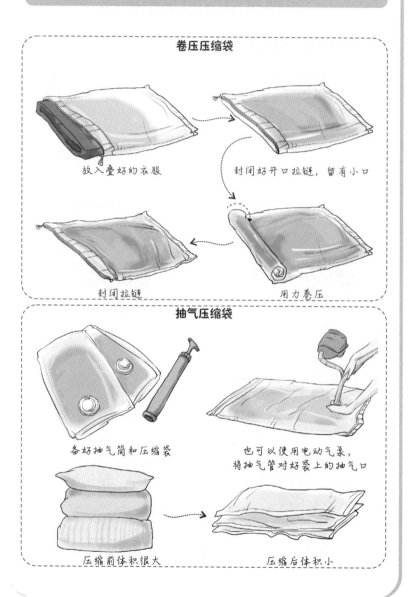

卷压压缩袋

放入叠好的衣服

封闭好开口拉链，留有小口

封闭拉链

用力卷压

抽气压缩袋

备好抽气筒和压缩袋

也可以使用电动气泵，
将抽气管对好袋上的抽气口

压缩前体积很大

压缩后体积小

家具与墙体的亲密接触

家具不是简单的靠墙放

◎买来的家具不就是靠墙放吗？

☆墙面与地面不可能完全垂直，此外地板有一定的弹性，很难放平稳。

◎那怎么办？

☆还有种"神器"叫家具脚垫。

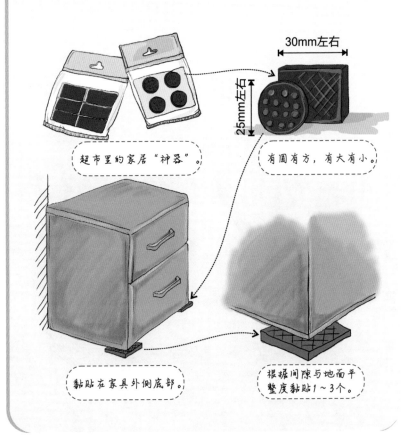

30mm左右

25mm左右

超市里的家居"神器"。

有圆有方，有大有小。

黏贴在家具外侧底部。

根据间隙与地面平整度黏贴1~3个。

Chapter

4

客厅餐厅能囤东西

万能的客厅餐厅布置

空旷的客厅谁在用

对症大房小厅与小房大厅

独特的背景墙

电视柜里故事多

具有装饰感的酒柜

万能的客厅餐厅布置

客厅餐厅要看上去很空

◎客厅餐厅都很大，不放东西多可惜，放了东西就不大了。

☆客厅餐厅要看上去很宽敞，才能让家人有满足感。

◎那东西怎么放？这么大的空间有好多东西放啊。

☆先从整体布置入手，安置好家具和储藏容器后，再谈收纳。

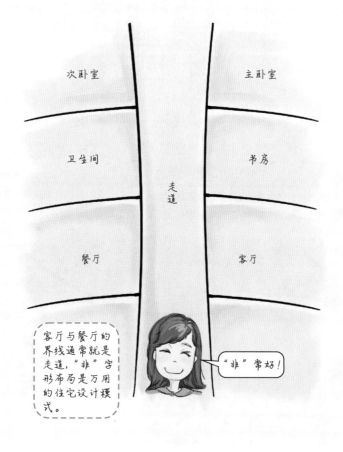

客厅与餐厅的界线通常就是走道，"非"字形布局是万用的住宅设计模式。

"非"常好！

遇到的问题与困难

◎感觉空间越大越不敢放东西。

☆大家都希望在开阔的空间里活动，而不是囤放东西。

◎是这个道理，那怎样才能兼顾活动和收纳呢？

☆任何空间都有动态区与静态区，人活动的区域是动态区，不活动的就是静态区，静态区就可以收纳东西了。

 开阔空间的纠结

客厅与餐厅空间很开阔，全部留给通道未免太浪费了，但是摆放收纳家具后又怕没有活动空间。

 动静区域的划分

中央走道是动区，可以不放固定家具，但是在客厅和餐厅中的交通流线就很含糊了，动静区域的划分不明确。

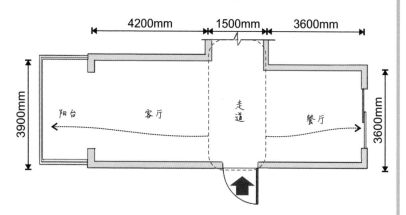

想想吧

　　客厅设计的两个基本原则，第一是保持客厅的独立性，第二是提高客厅的空间利用率。要满足这两个基本原则应当将客厅与走道空间分离，在客厅周边墙面减少或不要开门、开窗，如果有门窗，尽量将其集中在一面墙上，给收纳家具提供空间。

得到的效果

 围合与分隔布置

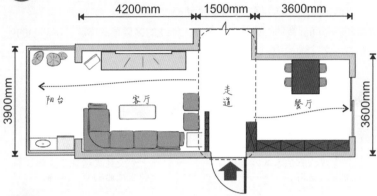

② 能收纳的静态家具

选购下部带抽屉的沙发，能随手收起日常琐碎物品，让客厅变得更整洁。

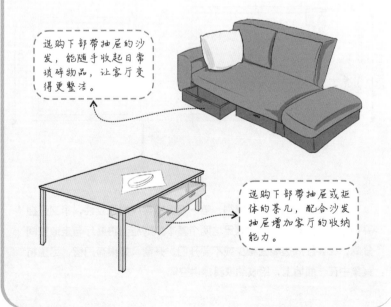

选购下部带抽屉或柜体的茶几，配合沙发抽屉增加客厅的收纳能力。

客厅这样布置

一字形布置

客厅的沙发与电视柜分别放置在两侧的墙壁，这种适合面积较小的客厅。在布置家具的时候，应该选择体量较小的沙发和茶几，最好是单边双人沙发，必要时可以去除茶几。人的眼睛需要保持与电视的正常距离，大约2.5m左右，否则容易造成用眼疲劳。

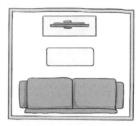

6m²

二字形布置

这种沙发靠置两侧墙壁，电视摆放在边侧，所营造的布局形式可以让家庭成员之间或客主之间进行面对面的亲切交谈，感受对方的心理活动。两排面对面的沙发之间至少留有一个人的坐垫宽度，如果增加茶几，还需要保留必要的流通空间。

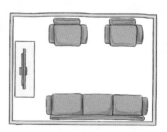

8m²

想想吧

十年前，很多业主都想要大客厅，来个亲戚朋友方便，能容纳更多人，现在情况变了，亲戚朋友很少成群地去串门，大家都约着自驾游。客厅的功能发生了变化，仅限自己家人团聚，功能单一了，面积也就不要求那么大了，可以考虑分一部分空间给相邻房间或储藏间。

L形布置

　　这种布局方式适合面积较小的客厅空间，选购沙发时要记清楚户型转角的方向。转角沙发可以灵活拆装、分解，变幻成不同的转角形式，以容纳更多的家庭成员。此外，电视柜的布局也有讲究，应该以沙发的中心为准，这样才能满足正常观看。

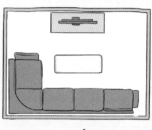

9m²

标准型布置

　　标准的3＋2沙发布局是常见的组合款式，既满足观看电视的需要，又方便会谈。皮质沙发可以配置厚重的箱式茶几，布艺沙发可以配置晶莹透彻的玻璃茶几，木质沙发可以配置框架镂空造型的木质茶几。

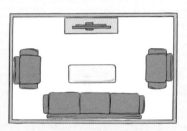

12m²

U形布置

　　这种半包围的客厅布局方式，一般用于成员较多的家庭，日常生活以娱乐为主，布局一旦固定下来就不会再改变。包围严实的布局可卧可躺，别有一番情趣。沙发与电视柜的距离要适当拉开，保证家庭成员能快速入座。

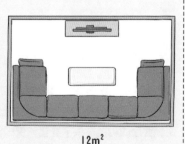

12m²

对角型布置

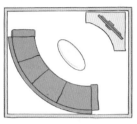

12m²

对角型布置适合特异空间形态的客厅，在布局整体住宅空间的同时就先要考虑到客厅的特殊形态。弧形沙发背后的空间设计要得当，可以制作圆弧形隔墙或玻璃隔断，设计成圆弧形吧台，或设计成储藏空间。

单边型布置

单边型走道布局适合空间较大的住宅，侧边走道至少要保证一个人正常通行。沙发最好选用皮质的，体量也应该比较大，受到碰撞后不容易发生移动。背后可以放置一个低矮的储物柜或装饰柜，保证沙发不会受到碰撞。

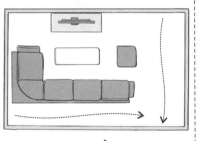

25m²

周边型布置

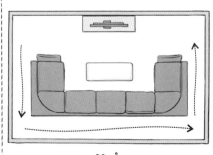

30m²

拥有周边走道的客厅一般出现在复式住宅或别墅住宅里，三面环绕的形式能让人产生唯我独尊的感觉，"看电视"这种日常行为可以被忽略了，取而代之的是大气的背景墙。

　　单件沙发行动自如，可以放置在房间的任何一个角落，供单人坐、卧。单件沙发周边与其他家具至少要保留100mm，否则坐卧时肢体会感觉局促。

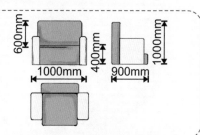

　　三人沙发的体量可大可小，放在客厅的正中央，倍显档次。当然，也有些三人沙发中间没有分隔带，但整宽达到2.2m以上均可认为是该形式。

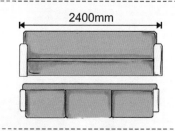

　　拼装转角沙发是中小型客厅的首选，可拆分、可拼装，布局随意，适合任何形态的客厅空间。这类沙发一般选用布艺面料，使用起来更舒适。

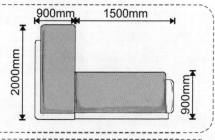

　　圆角沙发需要定制，预先测量房型结构，在户型设计图上做详细标明。尤其是圆弧角度，确定正圆或椭圆后，所有尺寸归纳准确后，再进行定制。

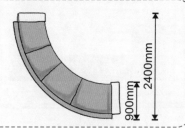

组合电视柜一般都在家具城选购，它的形式多种多样，一般包括立柜、台柜、隔板隔架三大组成部分，这些部分宽和高的尺度都差不多。

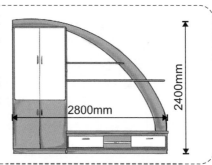

客厅茶几的规格基本类似，茶几与沙发之间的距离至少保持250mm。木质茶几配木质沙发，玻璃茶几配布艺沙发，石材茶几配皮质沙发。

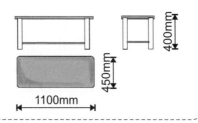

电视柜可购买，可订做，但是电视柜的长度一般不超过客厅墙面的一半。如果选用壁挂式液晶电视，最好也配置一个小电视柜，放置影碟机等。

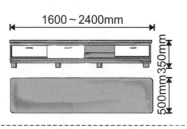

一般在转角沙发中才配有脚垫，与沙发组合能形成躺卧的坐姿。脚垫也可以变化成带有靠背的形式，作为临时沙发使用。

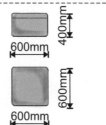

餐厅这样布置

◎餐厅是全家人聚集的重要场所，是交流感情和思想的集中地，要兼顾不同家庭成员的使用习惯，该怎样布置？

☆人口少的家庭把餐厅融入厨房，人口多的家庭又需要面积大的餐厅。

◎有没有两全其美的布置方法？

☆如果房子够大，还是保留餐厅，如果一周在家吃饭很少，就把餐厅整合到客厅或厨房里去。还有一种秘籍，就是在客厅、餐厅、厨房、走道这四个空间中找个能放餐桌而又不影响交通的地方，把不大的餐桌放那儿，就齐全了。

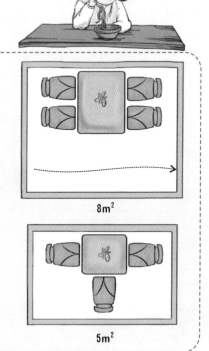

倚墙型布置

　　小面积的餐厅空间很难布置家具，这种类型的空间四周都开有门窗，餐桌的布置很成问题。一般选择宽度较大的墙体作为餐桌的凭靠对象，如果没有合适的墙面，可以将其他门窗封闭，另作开启。靠墙布置时要对墙面做少许设计，选用硬质材料，以免墙面磨损。

8m²

5m²

隔间型布置

这种布局适合没有餐厅的住宅，可以在沙发的背后布置低矮的装饰柜。餐桌依靠柜体，就餐时还能看电视，可谓一举两得。在客厅里，以往靠墙的沙发现在要挪动位置，满足餐桌椅的需要，也可以将厨房和客厅之间的墙体拆除，扩大餐桌椅的摆放面积。

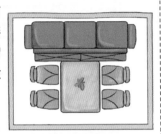

9m²

岛型布置

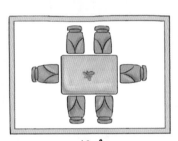

10m²

这是很标准的餐厅布局形式，当家庭成员坐下后，周边还具备流通空间。这种形式要注意防止餐厅空间显得过于空旷，在适当的墙面上可作装饰酒柜或背景墙造型，这样可以体现出餐厅的重要性和居中性。

独立型布置

大户型的餐厅布局很饱满，可以满足不同就餐形式的需求，小型的圆形餐桌可以长期放置在餐厅中央不变，大型桌面需要另外设计储藏区域。这种餐厅的主背景墙一般以北方为宜，可以依次来判定座位的长幼之分。

16m²

餐厅家具放下去

餐厅椅子的靠背一般很高，方便人在就餐时习惯性的仰靠。现在比较流行不锈钢管支架的座椅，轻盈可靠，但座垫还是以软质人造革为宜。

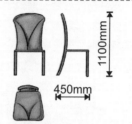

正方形餐桌适用于小餐厅，但是它的边长不宜小于0.75m，否则就通行就会受到限制。结实的木质或钢架结构比较适合正方形餐桌。

长方形餐桌的长边要满足两人用餐，不宜低于1m。一部分餐桌也可以折叠而变成正方形，从而节约空间。

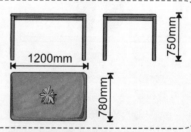

大型餐桌可以满足8~10人使用的。餐桌的构架一般是以钢材为支撑体，外部装饰木材或石材，桌面可以拼接成多种几何花型。

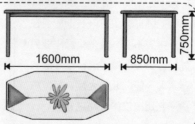

组合装饰酒柜的功能很强，购买时要注意尺寸。另外可以拆除餐厅与厨房、餐厅与客厅之间的隔墙，使用酒柜进行分隔。

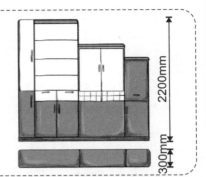

单体装饰酒柜很容易买到，但是装饰造型要符合整个餐厅空间风格。装饰酒柜的厚度不宜超过0.3m，否则会让餐厅显得狭窄。

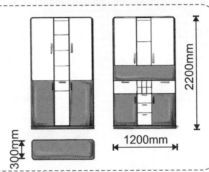

小型圆桌面一般长期放在餐桌上，也有一部分与方形餐桌相连接。桌面背后可以安装连接件，不用时可以将整个桌面挂在墙面上作装饰。大型圆桌面一般选用木质纤维板制作，可以防止变形。平时不用时可以放在卧室的大床下，但是不要受到潮湿，否则会起翘弯曲。

空旷的客厅谁在用

客厅的主人

◎总觉得客厅的使用率越来越低了。

☆现代生活丰富了，对电视的渴望没有以前那么强烈了。

◎房价这么贵，岂不是太浪费？

☆放东西啊，想怎么放就怎么放。

◎客厅餐厅能放什么呢？

☆全家人共用的东西。

1998年看电视

2017年刷微信

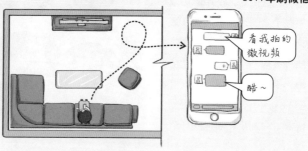

东西一样都不少

 图书文档  图书文档放在客厅玻璃柜门内，防尘的同时可以随时查阅。

② 影集光盘  影集光盘放在客厅柜内，可以具有一定隐私。

③ 玩具文具 玩具文具放在客厅柜内或整理箱内，分类放置。

 药品器械  药品器械放在客厅高处柜内或收纳盒内，分类遮光放置。

 工艺礼品  工艺礼品放在客厅无门柜内或搁板上，光照充足。

谁的东西谁拿着用

◎全家人的东西怎样和谐共处?

☆常用的物品的放低处，不常用的物品的放高处。

上柜放置不常用的其他物品，或较大体积工艺礼品等。

中上柜放置药品器械、影集、光盘、景框等。

除了放电视外，两侧的柜子主要放图书、杂志、工艺品等，全家老小都能用的东西。电视柜的形式很多样，带门的、无门的、玻璃搁板等一应俱全。

低处放置文具玩具供小孩随时取用，也可以放置工具。

高矮胖瘦人人有份

◎东西的尺寸都不同，怎样融洽地放在一起？

☆柜子分隔尺寸保持三个统一，深度绝对统一，宽度分类统一，高度合并统一。

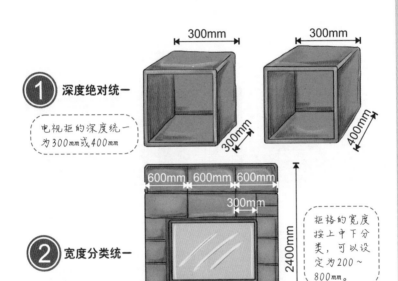

① 深度绝对统一

电视柜的深度统一为300mm或400mm

② 宽度分类统一

柜格的宽度按上中下分类，可以设定为200～800mm。

③ 高度合并统一

柜格的高度可以合二为一或合三为一。

图书文档

宽度与高度一致，平放竖放都合适。

影集光盘

纵向窄柜更容易分类。

玩具文具

宽度可适当加大，能放置毛绒玩具。

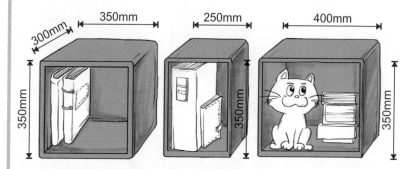

350mm
300mm
350mm

250mm
350mm

400mm
350mm

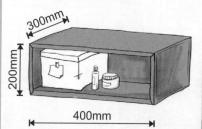

300mm
200mm
400mm

工艺礼品尺度不定，但是也不宜无止境扩大，以免浪费。

500mm
400mm
300mm

药品包装较小，高度较低可以上下分类，增加储藏容量，便于查找。

药品器械

工艺礼品

人人都在用的客厅

女主人
30%

男主人
20%

孩子
20%

老人
20%

客人
10%

不同的家庭成员在客厅存放物品比率

客厅空间是大家共用的空间，存放了全家人大多数共用物品，要快速识别、查找、取用、归返。只靠一个人收拾是远远不够的，合理分类放置才能防止出现凌乱，时刻保持整洁的效果，使其具有很强的人气和归属感。

对症大房小厅与小房大厅

大房小厅与小房大厅的变迁

◎传统住宅的厅堂很大，一家人都能坐下吃饭，其乐融融。

☆以前都是大家庭，不仅厅堂大，房间也大。

◎可是后来正式工作了，为什么厅堂变小了？

☆参加工作后，以住宿舍或公寓为主，对客厅没有太多需求。

◎其实，10年前的商品房客厅也很大，空荡荡的。

☆商品房兴起之初，商品房消费群体多以大家庭为主，延续以往的生活习惯。

◎如今的商品房客厅餐厅好像又变小了，房间变大了些。

☆那是因为现代的商品房更倾向于年轻一代的小家庭。

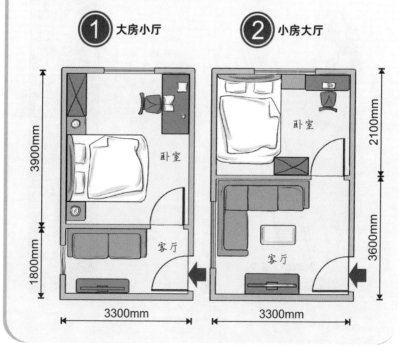

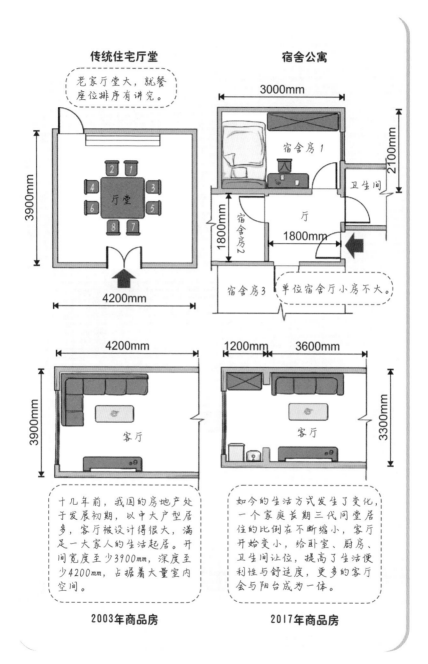

传统住宅厅堂

老家厅堂大，就餐座位排序有讲究。

厅堂

3900mm

4200mm

宿舍公寓

3000mm

宿舍房1

卫生间

2100mm

宿舍房2

1800mm

厅

1800mm

宿舍房3

单位宿舍厅小房不大。

4200mm

3900mm

客厅

十几年前，我国的房地产处于发展初期，以中大户型居多，客厅被设计得很大，满足一大家人的生活起居。开间宽度至少3900mm，深度至少4200mm，占据着大量室内空间。

2003年商品房

1200mm 3600mm

3300mm

客厅

如今的生活方式发生了变化，一个家庭长期三代同堂居住的比例在不断缩小，客厅开始变小，给卧室、厨房、卫生间让位，提高了生活便利性与舒适度，更多的客厅会与阳台成为一体。

2017年商品房

小房大厅的布局收纳

◎大户型的二手房，一般都是小房大厅，卧室空间受到限制，不能存放更多衣服与被子。

☆主卧室的隔壁大多情况都是客厅，如果两者之间的隔墙不承重，且无其他房间，可以将卧室与客厅之间的隔墙拆除，设计组合衣柜，能装很多东西。

◎新衣柜所占据的地面面积是客厅还是卧室？

☆当然是客厅了，这样就能拓展卧室的储藏空间，减少部分客厅面积，但是能增加收纳空间。

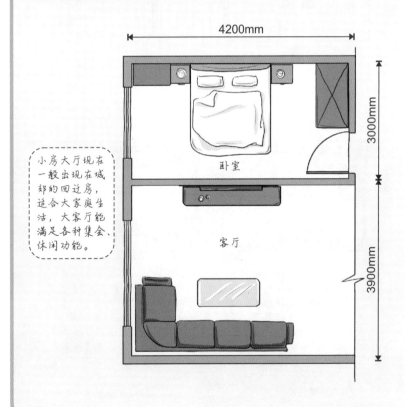

小房大厅现在一般出现在城郊的回迁房，适合大家庭生活，大客厅能满足各种集会、休闲功能。

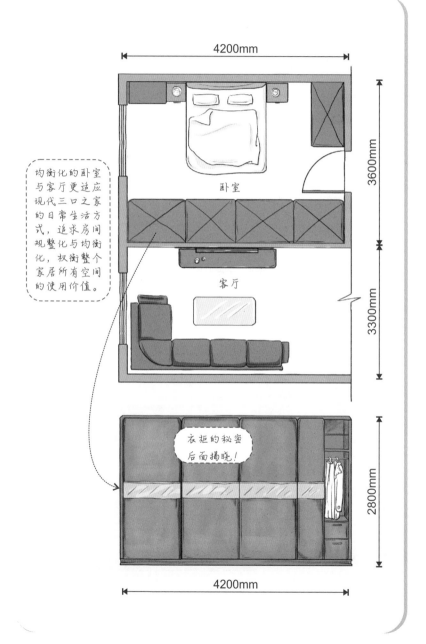

4200mm

3600mm

卧室

3300mm

客厅

均衡化的卧室与客厅更适应现代三口之家的日常生活方式，追求房间规整化与均衡化，权衡整个家居所有空间的使用价值。

衣柜的秘密后面揭晓！

2800mm

4200mm

大房小厅的布局收纳

◎大房小厅的户型如今也不少见，卧室空荡荡，做了衣柜也会感到很冷清，衣服和被子是放下去，但是客厅却很紧张。

☆还是可以拆墙，缩小卧室的开间宽度，只要保证床尾与衣柜或墙体之间的走道最低不少于500mm即可。

◎客厅的开间宽度最低是多少？

☆三口之家不低于3000mm，五口之家不低于3300mm即可。

在现代生活中，不少人也喜爱超大的卧室，大家都知道人在卧室中停留的时间最长。也有不少业主选购大卧室户型，将更多的储物柜设计在卧室中，这对人体健康有很大影响，柜子多，板材用量就大，板材中挥发的有害物质就多，因此，大卧室并不环保。

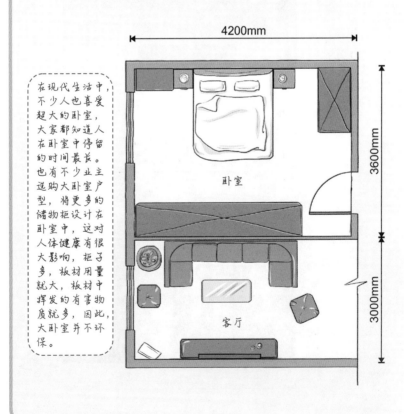

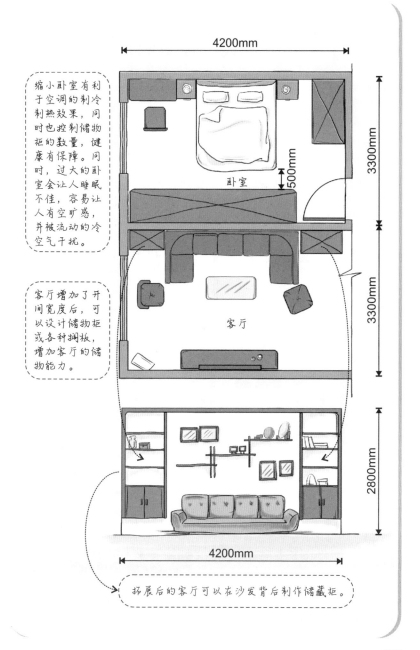

4200mm

缩小卧室有利于空调的制冷制热效果，同时也控制储物柜的数量，健康有保障。同时，过大的卧室会让人睡眠不佳，容易让人有空旷感，并被流动的冷空气干扰。

3300mm

500mm

卧室

客厅增加了开间宽度后，可以设计储物柜或各种搁板，增加客厅的储物能力。

3300mm

客厅

2800mm

4200mm

拓展后的客厅可以在沙发背后制作储藏柜。

独特的背景墙

◎什么时候开始流行背景墙,这个东西是怎么来的?

☆我国传统住宅中厅堂中一直都有祭祀墙,现代背景墙是20世纪90年代从港台地区流传过来的。

◎总觉得电视机周边空空的,浪费好大。

☆为了提高收纳效率,电视背景墙的墙面空间可以重新利用。

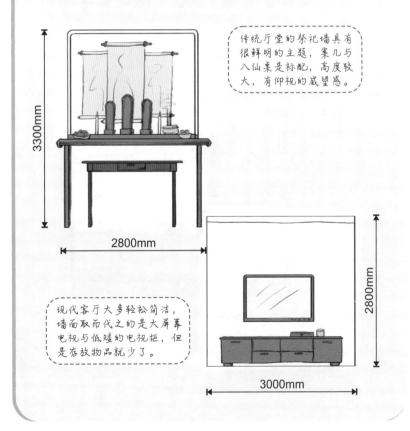

传统厅堂的祭祀墙具有很鲜明的主题,案几与八仙桌是标配,高度较大,有仰视的威望感。

3300mm

2800mm

现代客厅大多轻松简洁,墙面取而代之的是大屏幕电视与低矮的电视柜,但是在放物品就少了。

2800mm

3000mm

电视背景墙的收纳之道

◎电视周边能塞满柜子吗？

☆要给电视机散热保留一定的空间，电视机上方应预留150mm以上。电视机左右预留适当位置，此外还要考虑强电和弱电插座。

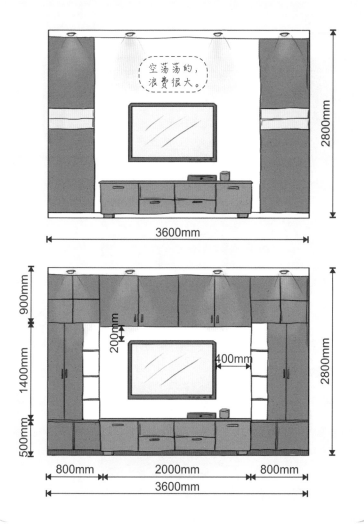

客厅背景墙的周边利用

◎除了电视机周边设计柜子，还有扩展的余地吗？

☆在电视组合柜左右两侧还可以延伸出柜子，更具有装饰效果。

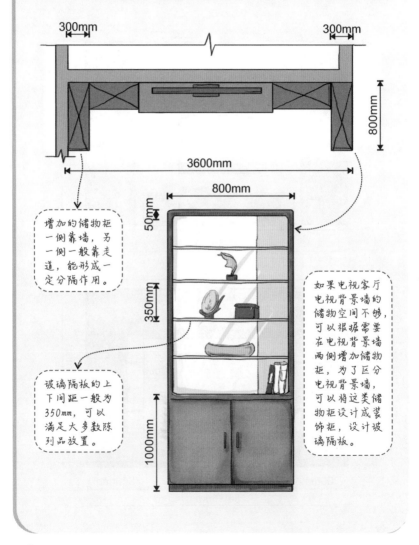

增加的储物柜一侧靠墙，另一侧一般靠走道，能形成一定分隔作用。

玻璃隔板的上下间距一般为350mm，可以满足大多数陈列品放置。

如果电视客厅电视背景墙的储物空间不够，可以根据需要在电视背景墙两侧增加储物柜，为了区分电视背景墙，可以将这类储物柜设计成装饰柜，设计玻璃隔板。

沙发背景墙的收纳之道

◎沙发背景墙也能储物吗？

☆当然可以，只是沙发的正上方要保留一定的内空高度，防止人站立时碰到头，沙发上的内空高度保留2000mm为佳。

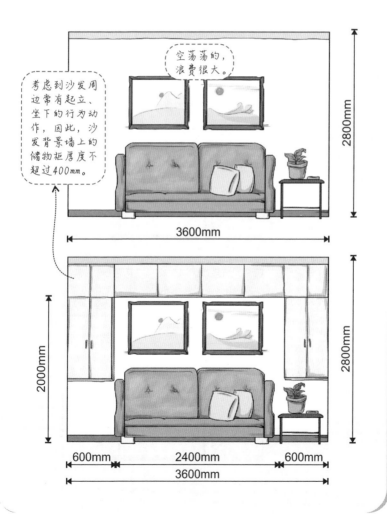

考虑到沙发周边常有起立、坐下的行为动作，因此，沙发背景墙上的储物柜厚度不超过400mm。

空荡荡的，浪费很大。

2800mm

3600mm

2000mm

2800mm

600mm 2400mm 600mm

3600mm

餐厅背景墙的收纳之道

◎餐厅背景墙也能效仿吗?

☆所有墙面都可以,只是注意走道旁的墙面不作柜体或搁板收纳,否则影响人的走动,此外将收纳家具尽量设定在中高处,不影响中低处放置其他家具。

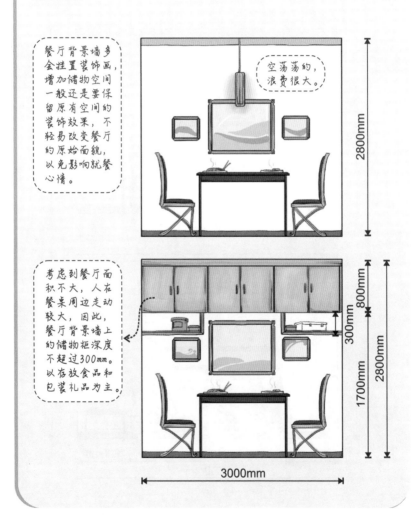

餐厅背景墙多会挂置装饰画,增加储物空间一般还是要保留原有空间的装饰效果,不轻易改变餐厅的原始面貌,以免影响就餐心情。

空荡荡的,浪费很大。

2800mm

考虑到餐厅面积不大,人在餐桌周边走动较大,因此,餐厅背景墙上的储物柜深度不超过300mm。以存放食品和包装礼品为主。

800mm
300mm
1700mm
2800mm

3000mm

墙面补充搁板

◎装修都结束了怎么办？还能往背景墙上放东西吗？

☆网络购物为你提供各种墙面搁板，安装方便，可以适当选购。

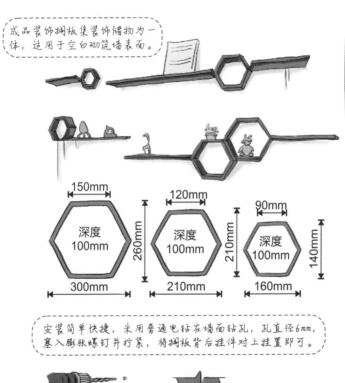

成品装饰搁板集装饰储物为一体，适用于空白砌筑墙表面。

150mm

120mm

90mm

深度 100mm

深度 100mm

深度 100mm

260mm

210mm

140mm

300mm

210mm

160mm

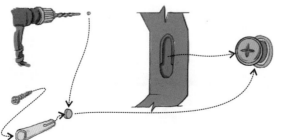

安装简单快捷，采用普通电钻在墙面钻孔，孔直径6mm，塞入膨胀螺钉并拧紧，将搁板背后挂件对上挂置即可。

电视柜里故事多

简化的电视柜

◎以前电视柜里总是满满的，现在成"鸡肋"了，感觉放不下什么东西。

☆以前电视机全部放在电视柜上，现在一半的家庭把电视挂墙上了，电视柜和电视没有太大关系。此外，现代电视机功能更全面，不需要再配置DVD影碟机之类的设备，对电视柜的需求也就很少了。

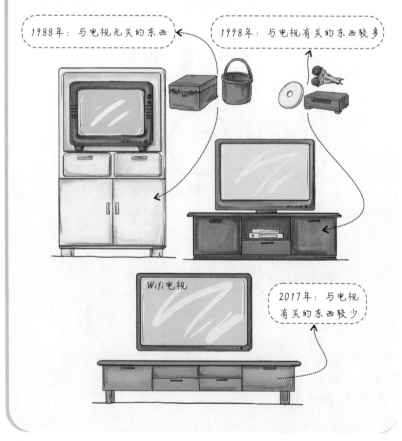

1988年：与电视无关的东西

1998年：与电视有关的东西较多

Wifi电视

2017年：与电视有关的东西较少

抽屉、搁板、柜门的纠结

◎电视柜的组成形式怎样才是最完美的?

☆抽屉、搁板、柜门一个都不能少。

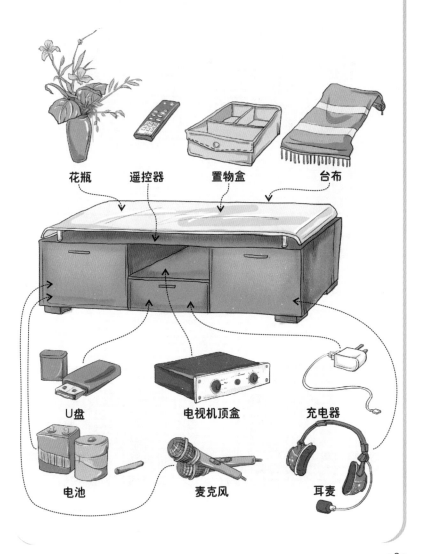

花瓶　　遥控器　　　置物盒　　　　台布

U盘　　　　　　电视机顶盒　　　　充电器

电池　　　　　麦克风　　　　耳麦

抽屉的分类收纳

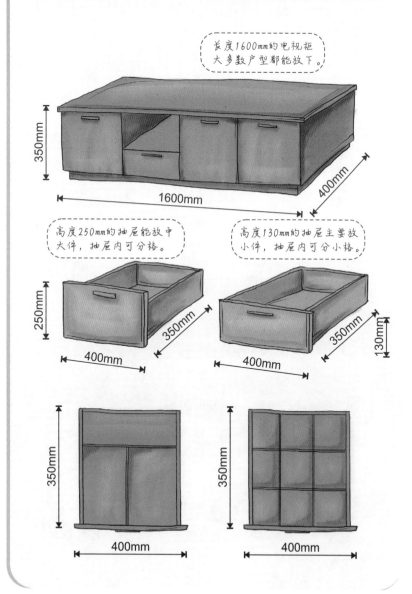

长度1600mm的电视柜大多数户型都能放下。

高度250mm的抽屉能放中大件，抽屉内可分格。

高度130mm的抽屉主要放小件，抽屉内可分小格。

350mm
1600mm
400mm

250mm
400mm
350mm

130mm
400mm
350mm

350mm
400mm

350mm
400mm

无门电视柜中的收纳盒

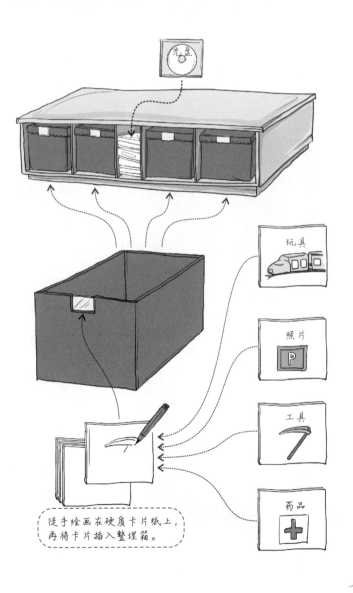

徒手绘画在硬质卡片纸上，
再将卡片插入整理箱。

柜门后的秘密

◎组合电视柜好像还可以放很多东西。

☆贵重的物品可以考虑放在这里。

◎安全有保障吗?

☆应该装个保险柜。

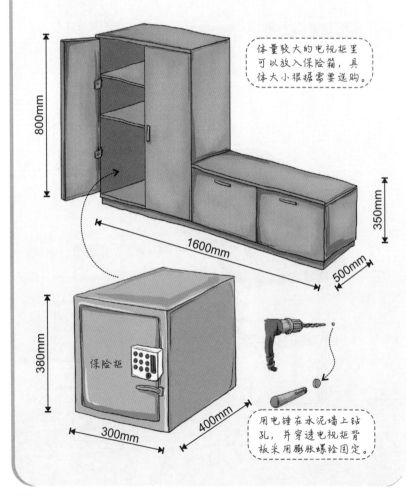

体量较大的电视柜里可以放入保险箱,具体大小根据需要选购。

800mm

350mm

1600mm

500mm

保险柜

380mm

300mm

400mm

用电锤在水泥墙上钻孔,并穿透电视柜背板采用膨胀螺栓固定。

DIY吊挂搁板

◎电视背景墙光秃秃的，怎样增加收纳空间。

☆自己动手做吊挂搁板。

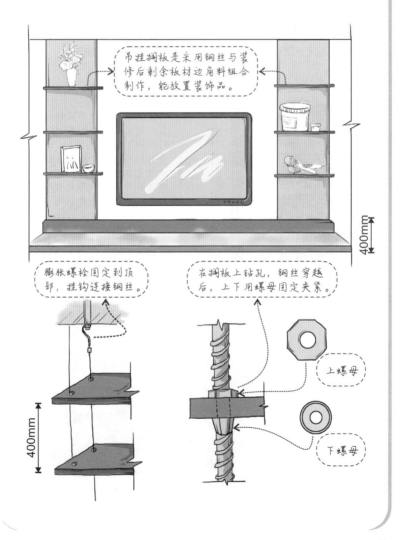

吊挂搁板是采用钢丝与装修后剩余板材边角料组合制作，能放置装饰品。

400mm

膨胀螺栓固定到顶部，挂钩连接钢丝。

400mm

在搁板上钻孔，钢丝穿越后，上下用螺母固定夹紧。

上螺母

下螺母

具有装饰感的酒柜

不喝酒的酒柜

◎很少喝酒，或从来不喝酒，还需要酒柜吗？

☆其实大家都很少喝酒了，酒柜不再为喝酒准备了，更多的用来调节餐厅氛围，形成一定的装饰效果，为客厅分担一部分储藏功能。

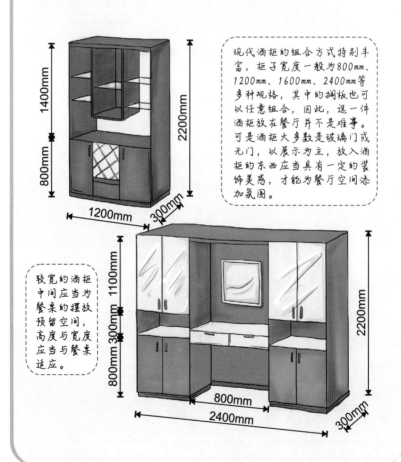

现代酒柜的组合方式特别丰富，柜子宽度一般为800、1200mm、1600mm、2400mm等多种规格，其中的搁板也可以任意组合，因此，选一件酒柜放在餐厅并不是难事。可是酒柜大多数是玻璃门或无门，以展示为主，放入酒柜的东西应当具有一定的装饰美感，才能为餐厅空间添加氛围。

较宽的酒柜中间应当为餐桌的摆放预留空间，高度与宽度应当与餐桌适应。

玻璃门与玻璃搁板

◎酒柜里面能装灯吗?

☆当然,灯具的开关延伸出来安装在墙面,带灯的酒柜一般采用玻璃搁板与玻璃柜门,灯光照射效果能从外面看到。

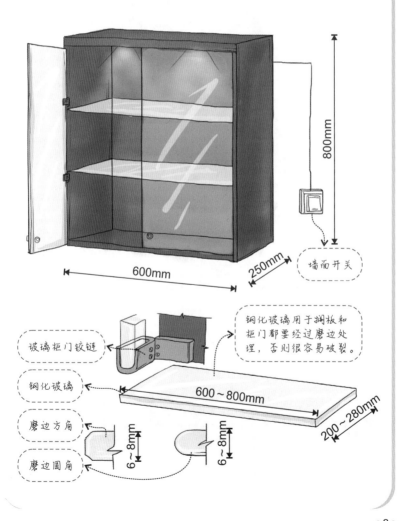

白酒、洋酒、啤酒、饮料之争

1 白酒

白酒一般放在高处或柜门内，利于遮光保存。如果放在玻璃柜门内，最好放入不透光的纸盒包装内存放。

2 洋酒

洋酒一般放在酒柜中央比较醒目的部位，同样也要注意遮光处理，同时可以搭配玻璃酒杯装饰，效果更好。

3 啤酒

啤酒一般放在酒柜下部或顶部比较醒目的部位，瓶装与灌装搭配陈列，同时可以搭配玻璃酒杯装饰，效果更好。

4 饮料

饮料与茶一般放在酒柜无门的搁板上，便于取用，茶要注意遮光，与茶具搭配，装饰效果更好。

酒柜的摆放诀窍

◎看来看去，酒柜的内容还真不少，应该怎样摆放？

☆摆放方式要有一定的美感，能体现主人的品位，最能体现装饰效果的摆放方法是左右错开与间隔放置。

① 左右错开

上下层之间可以左右错开放置，可以做分类处理，当一层搁板上同类酒不是很多的时候可以，采取这种左右错开能平衡视觉效果，并且为增加后续酒预留位置。

② 间隔放置

现代生活提倡健康养生，对于酒不多的家庭还可以上下间隔放置，如从上至下第一、三为酒水饮料，第二、四层为茶与水果。健康生活从酒柜做起。

密封性与开敞性

 板门

420mm

白酒、洋酒等不常用的酒一般放在带柜门的柜子内，遮光密封保存。

 玻璃门

300mm

玻璃门内可以放置造型独特的酒瓶、酒具、茶具等，具有很好的视觉审美效果。

 无门

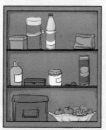

300mm

无门柜内一般放置随取随用的东西，如饮料、茶、置物盒、水果等。

 抽格

110mm

抽格专用于无气果酒，深度应不低于300mm。

电视柜里躲猫猫

5

集装箱式的
厨房

相同又不同的厨房

厨房的变迁

◎一直以来都没怎么管过厨房，现在一看，东西特多。但是记忆中的厨房总觉得没什么东西。

☆时代在进步，脱离了食堂至上的大锅饭时代，家家户户都会对厨房收纳提出新的要求，不能一味地按年代比较，要按物质需求来权衡厨房的收纳方法。

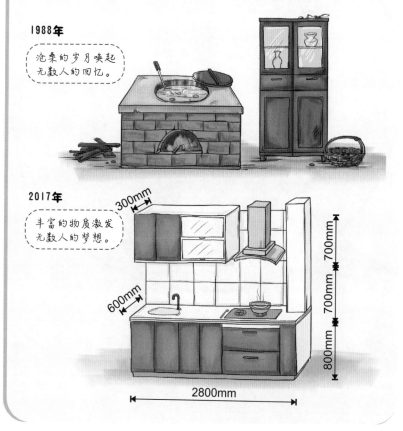

1988年

沧桑的岁月唤起无数人的回忆。

2017年

丰富的物质激发无数人的梦想。

300mm

600mm

700mm

700mm

800mm

2800mm

厨房面积多大才够用

◎这样一想，大家都会觉得厨房太小了，什么也放不了。

☆厨房作为特殊功能区，在住宅中的比例的确很小，但是厨房有一个其他空间都不具备的使用特性。

◎哦?

☆家庭厨房在日常使用状态下，只有一个人。

 设计面积

我国的商品房住宅中厨房的面积一般为整套住宅建筑面积的8％，相对亚洲其他国家和地区算是相当宽裕了，但是只相当相欧美发达国家的一半。

 内容繁多

厨房中的橱柜、水槽、燃气灶、油烟机、冰箱成为必备品，微波炉、消毒柜、热水器、净水器等电气设备越来越占空间，最后要为收纳让步，就难上加难了。

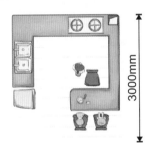

3000mm

2700mm

 收纳分类

锅碗瓢盆逐渐不再是厨房收纳的主体了，料理机、豆浆机、电饭煲等各种小家电才是最令人头疼的，不仅要与锅碗瓢盆和谐共处，还要与其划清界线，分门别类。

 采光通风

在厨房安装空调的家庭已不是个别，预留油烟机、燃气热水器、空调管道洞口，同时还要保证厨房正常采光通风，注重人的生理健康。

厨房与储房

◎厨房里面的东西越看越多，真不知道怎么办。

☆都拿出来，先分个堆试试看看。

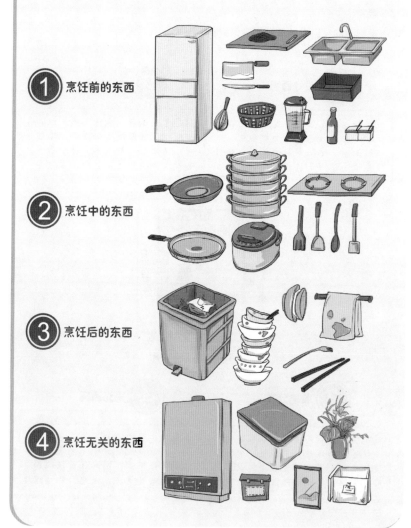

1 烹饪前的东西

2 烹饪中的东西

3 烹饪后的东西

4 烹饪无关的东西

会做饭的你

◎分了堆的东西怎么收纳?

☆那要看你怎么做饭了。根据常规的烹饪方式,必定会用到以下东西。

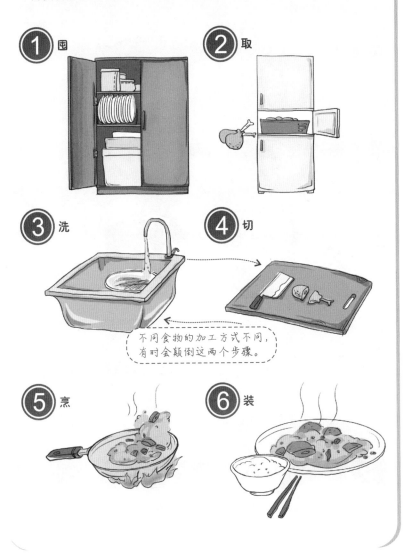

不同食物的加工方式不同,有时会颠倒这两个步骤。

相同的烹饪方式

① 煎炸 — 油烟大，需要封闭式厨房。

② 快炒 — 准备的工具多，需要大量空间存放。

③ 蒸煮 — 操作简单，烹饪容器大，需要空间存放。

④ 烘培 — 烤箱空间需要融入橱柜。

⑤ 料理 — 需要宽大的操作台面与调料囤放空间。

不同的厨房结构

◎电视剧里面的开放式厨房，好羡慕啊。

☆封闭式是厨房是专业厨房，开放式厨房是业余厨房，选择哪种厨房不仅仅是产生油烟多少的问题，而是选择哪种生活方式的问题。

1 封闭式

多放油香喷喷

三餐居家做饭

川菜湘菜最爱

厨艺竞赛高手

大厨姐

2 开放式

水煮盐拌健康

在家偶尔做饭

欧美西式生活

只会番茄鸡蛋

泡面妹

2400mm

1800mm

封闭式厨房

2400mm

3100mm

开放式厨房

相同的餐饮模式

下午茶

中餐

晚餐

早餐

宵夜

很多人都认为一日三餐是最科学最合理的，其实不然，现代文明的一日三餐是为了更方便工作和生产。其实，人和动物一样，对食物的获取应当是按需进食。当身体感到疲劳时通过睡眠来补充精力，同时也应当通过进食来补充体力。少食多餐是最科学最合理的进食方式，可以根据自身情况选择一日五餐的进餐方式（仅供参考：7点早餐、11点午餐、15点下午茶、18点晚餐、22点宵夜），每次进餐量减少，让身体充分吸收营养。

不同的收纳方法

 每天做饭

每天做饭的橱柜收纳应当均匀，轻质物件放在上柜，重物件放在下柜，常用物品接近中央，方便取用，对加工各种食物的物件分类放置。

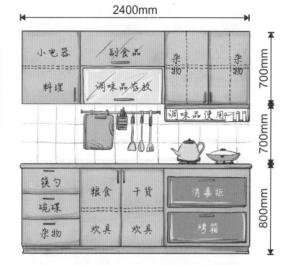

2400mm

小电器　副食品　杂物　杂物

料理　调味品存放

调味品使用

筷勺　粮食　干货　消毒柜

碗碟

杂物　炊具　炊具　烤箱

700mm
700mm
800mm

 偶尔做饭

偶尔做饭的橱柜收纳应当以储物为主，将不常用的轻质物品放到底部和顶部，常用的方便食品放在中央或抽屉中，同时还要考虑方便食品是否需要经过加工。

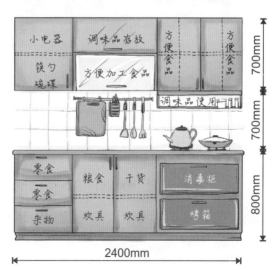

小电器　调味品存放　方便食品　方便食品

筷勺　方便加工食品

碗碟

调味品使用

零食　粮食　干货　消毒柜

零食

杂物　炊具　炊具　烤箱

700mm
700mm
800mm

2400mm

遇到的问题与困难

◎在厨房里遇到的最大问题还是橱柜台面不够用，总觉得操作台面的面积小了，不知道该怎么办。

☆大多数家庭都面临这个问题，其实根源来自于传统的烹饪方式与橱柜广告的影响。

1 传统的烹饪方式

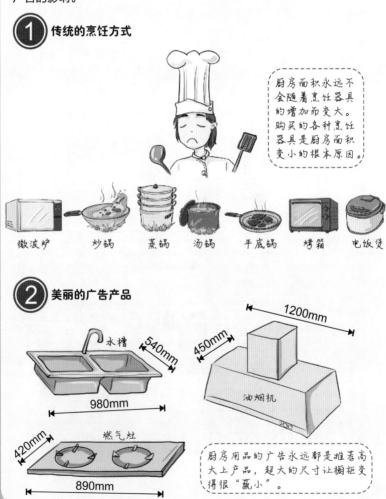

厨房面积永远不会随着烹饪器具的增加而变大。购买的各种烹饪器具是厨房面积变小的根本原因。

微波炉　　炒锅　　蒸锅　　汤锅　　平底锅　　烤箱　　电饭煲

2 美丽的广告产品

水槽　540mm　980mm

1200mm　450mm　油烟机

燃气灶　420mm　890mm

厨房用品的广告永远都是推着高大上产品，超大的尺寸让橱柜变得很"藐小"。

收到的效果

① 精简烹饪操作

经过重新整合后的多功能烹饪器具能有效提高橱柜的使用率。

烧烤微波炉　　多功能炒锅　　多功能压力锅

② 缩小设备尺寸

380mm
水槽
420mm

760mm
380mm
燃气灶

220mm
油烟机
800mm

③ 营养膳食

盐

油

瓜果蔬菜豆制品

简化食物的烹饪方法，保持科学营养膳食。

鱼肉水产

厨房布局面面观

总有一款适合你家厨房的布局

◎厨房布局一般都是根据厨房的形体结构来定，结构不合理该怎么办？

☆厨房结构很丰富，但是厨房的布局更丰富，要满足各种烹饪需求，设计的中心只有一个，就是动线流畅，同时将厨房物品收纳整齐。

◎什么是动线流畅？

☆简单地说就是在烹饪操作过程中，不走重复路线。

一字形布置

一字形布置是在厨房一侧布置橱柜设备，边侧的走道一般可以通向另一个空间。一字形厨房结构紧凑，能有效地使用烹调所需的空间，以洗涤池为中心，在左右两边作业。但是作业线的总长一定要求控制在4m以内，才能产生精巧、便捷的效果。

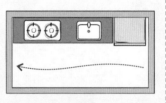

5m²

二字形布置

沿两边墙并列布置成走廊状。一边布置水槽、冰箱、烹调台；另一边放配炉灶、餐台。这样能减少来回动作次数，可以重复利用厨房的走道空间，提高空间效率。缺点是炊事流程操作不很顺当，需要作转身的动作，管线的布置也不连贯。

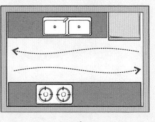

6m²

窗台型布置

　　窗台型厨房是在二字形厨房布置的基础上改进而成的，有效利用了厨房的外挑窗台，在窗台上放置炉灶，两边的橱柜能发挥其最大的储藏功能。窗台上放置炉灶能比较方便地进行烹饪操作。如果采光充裕，也可以安装抽油烟机，但是煤气和水电管线不方便布置。

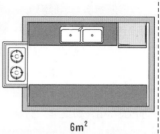

6m²

L形布置

　　将柜台、器具和设备贴在两面相邻的两面墙上连续布置，工作时移动较小，既能方便使用，又能在节省空间。L形厨房不仅适用于开门较多的厨房，同时也适用于厨房兼餐厅的综合空间。但是，当墙面过长时，就略感不够紧凑了。

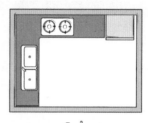

7m²

U形布置

　　U形布置即厨房的三边均布置橱柜，功能分区明显，因为它操作面长，设备布置也比较灵活，随意性很大，行动十分方便。一般适合于面积较大、接近方形的厨房。厨房的开门一般适合梭拉门，但是对有服务阳台的厨房就有所限制了。

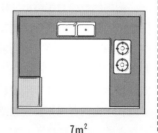

7m²

T形布置

　　T形厨房与U形厨房相类似，但有一侧不贴墙，从中引出一段台面，形成一个临时餐桌，方便少数成员临时就餐。餐桌可以和橱柜连接一体，也可以独立于中央。普通橱柜的高度为800mm，如果连入餐桌，高度应该适当降低，满足就餐的需求。

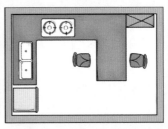

8m²

方岛形布置

　　中间的岛柜充当了厨房里几个不同部分的分隔物。通常设置一个炉灶或一个水槽，或者是两者兼有，在岛柜上还可以布置一些其他的设施，如调配中心，便餐柜台等。这种岛式厨房适合于大空间、大家庭的厨房。中间环绕的走道要保持0.8m的宽度。

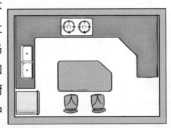

12m²

圆岛形布置

　　圆岛形厨房的布局更加华丽，周边橱柜的储藏空间更大，能有效满足烹饪、储藏、劳作等行为的发挥。橱柜的开门外观是弧形的，施工上有一定的难度，一般需要专项设计定做。炉灶和水槽的布局不要因为空间大而显得零散，最终要满足正常的使用。

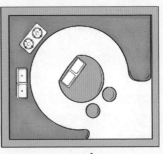

16m²

相同而又不同的橱柜

◎橱柜不都是一样的吗？

☆相同的少，不相同的多。

◎整体尺寸都是差不多的，哪有什么不同呢？

☆根据每个家庭的生活习惯，橱柜有很大差异，主要是电气设备的数量、小家电的品种、存放物品的类型、烹饪菜肴、烹饪频率等。

中式橱柜结构紧凑，适合面积不大的住宅，色彩鲜艳，为小厨房营造出精致的生活空间。抽屉和柜门面积较小，但对五金配件的要求很高。

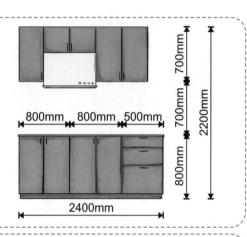

欧式橱柜宽厚大气，适合面积较大的厨房。抽屉的功能很多，各种储藏品都能容纳，色彩纯净，以黑、白、灰及中性色为主。

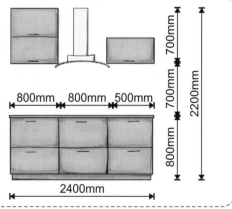

品质厨房的核心

◎买房时看到样板间中的厨房很高大上，怎样才能做到。

☆高品质厨房的核心其实就是储存、洗切、烹饪三个环节，将这三个环节完全分开，但是又有序连接起来就可以了。

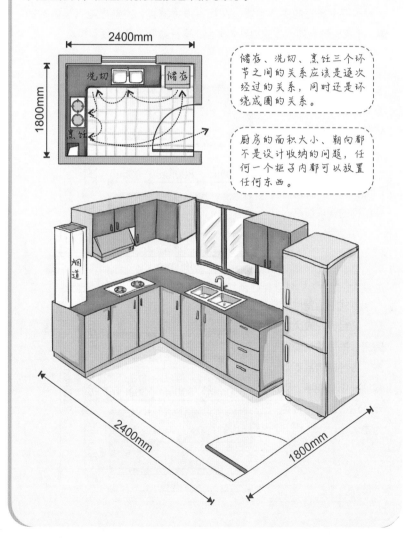

储存、洗切、烹饪三个环节之间的关系应该是逐次经过的关系，同时还是环绕成圈的关系。

厨房的面积大小、朝向都不是设计收纳的问题，任何一个柜子内都可以放置任何东西。

解决令人头疼的厨房局部

◎总会有一些厨房不规则，怎么设计都不尽人意。

☆令人头疼的地方主要是烟道、门、窗、燃气表、排水管，这5个部位是厨房布局的天敌，一不留神就占据了大量空间，让很多东西无处放。

 烟道

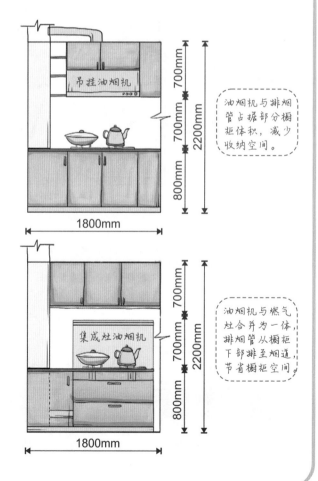

油烟机与排烟管占据部分橱柜体积，减少收纳空间。

油烟机与燃气灶合并为一体，排烟管从橱柜下部排至烟道，节省橱柜空间

门

常规厨房的双扇推拉门总宽度应不低于1300mm。4扇推拉门与折扇推拉门的总宽度不低于2000mm，但是不建议采用3扇推拉门，因为打开后只有1/3的宽度可用，同时也不建议在墙面中央开设单开门，无论是向内还是向外开，单扇门会占据空间。

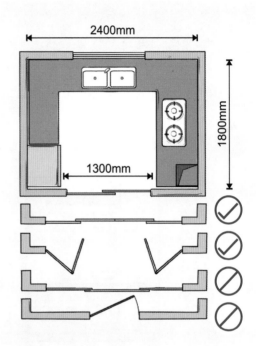

 窗

橱柜中的水槽位于窗旁，能方便采光，同时也能将油烟机安装在其他墙面上。但是上部橱柜就会减少，不方便收纳。这时可以将上部橱柜安装在不常开启的推拉窗前方，虽然会遮挡部分采光，或影响厨房窗户的正常使用，但能保证通风，最重要的是能增加收纳空间。

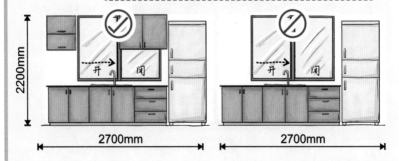

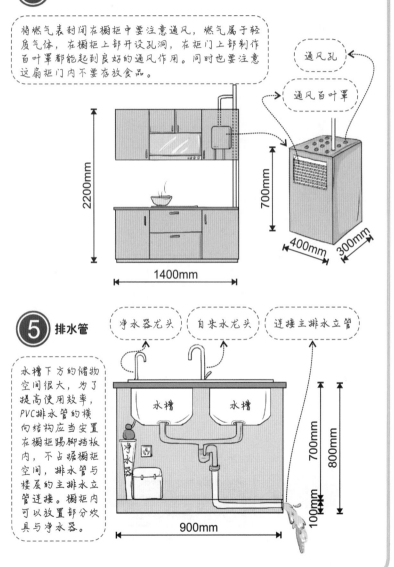

④ 燃气表

将燃气表封闭在橱柜中要注意通风，燃气属于轻质气体，在橱柜上部开设孔洞，在柜门上部制作百叶罩都能起到良好的通风作用。同时也要注意这扇柜门内不要存放食品。

通风孔

通风百叶罩

2200mm

1400mm

700mm

400mm

300mm

⑤ 排水管

净水器龙头

自来水龙头

连接主排水立管

水槽下方的储物空间很大，为了提高使用效率，PVC排水管的横向结构应当安置在橱柜踢脚挡板内，不占据橱柜空间，排水管与楼层的主排水立管连接。橱柜内可以放置部分炊具与净水器。

水槽

水槽

净水器

700mm

800mm

100mm

900mm

橱柜中的黄金区

◎厨房橱柜操作台看上去很宽大，但是放了燃气灶和水槽后，就没有什么空间了，切菜、料理都没地方做。

☆设计橱柜要从操作者的烹饪行为来入手，而不是从设备入手。

◎烹饪行为？

☆烹饪行为可以决定厨房操作区台面的分区，可以分为黄金区、白银区与青铜区。

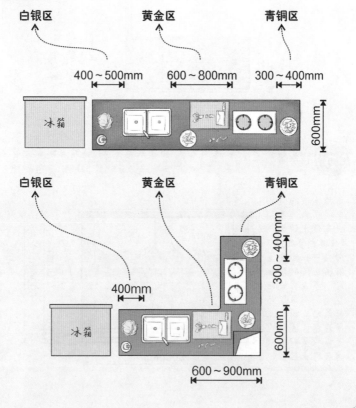

114

牢记数据里面有黄金

600mm

600 ~ 800mm

切菜、料理等各种食材的操作都在这个区域进行，宽度要有保证，对于窄小的厨房，宽度最低应当控制在600mm。

600mm

400 ~ 500mm

主要用于烹饪前的准备工作，各种生食放置在台面上，准备清洗，这个区域应当靠近冰箱，部分食品从冰箱中取出后还需要经过解冻。白银区的宽度最低应当控制在400mm。

600mm

300 ~ 400mm

烹饪后熟食放置的区域，不需要太大面积，也可以与黄金区合并，但是独立出来更卫生，这个区域还可以放置各种调味品、碗架等，方便熟食装盘与深度料理，宽度最低当控制在300mm。

阻碍橱柜使用效率的问题

◎为什么很难完美地设计一个高效有用的橱柜呢?

☆阻碍橱柜使用效率的罪魁祸首是厨房的长宽比例、门窗位置、烟道冰箱位置。

◎那怎么解决?

☆厨房长宽比例基本不能动,只能顺应;门窗中的窗基本不能动,门的位置和大小可以改变;烟道冰箱中烟道的位置是绝对不能动的,那就调整冰箱。

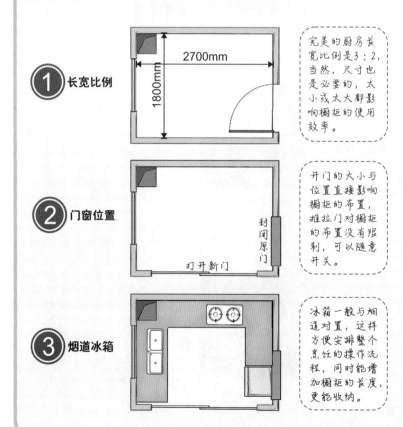

1 长宽比例

完美的厨房长宽比例是3:2,当然,尺寸也是必要的,太小或太大都影响橱柜的使用效率。

2 门窗位置

开门的大小与位置直接影响橱柜的布置,推拉门对橱柜的布置没有限制,可以随意开关。

3 烟道冰箱

冰箱一般与烟道对置,这样方便安排整个烹饪的操作流程,同时能增加橱柜的长度,更能收纳。

操作区典型改造方案

 遇到问题

厨房的面积不算小了，看上去很合理，但是不方便再排更多的橱柜了。希望能进一步提升厨房的使用效率，该什么办？

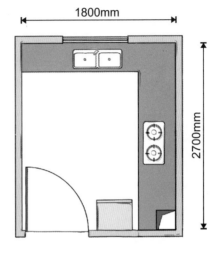

1800mm

2700mm

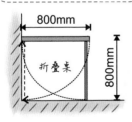

② **完美解决**

将厨房开门扩大，变成推拉门，冰箱放到左上角，与烟道呈对角放置。中央放置一张靠墙的折叠桌，既可以临时放置美食，还可以当作小餐厅。明亮的推拉门采光更好，让人有食欲。

800mm

折叠桌

800mm

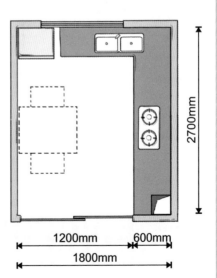

2700mm

1200mm   600mm

1800mm

收纳区内的黄金、白银与青铜

◎橱柜布置好了，里面的收纳区有讲究吗？

☆收纳区同样也分为黄金区、白银区与青铜区。

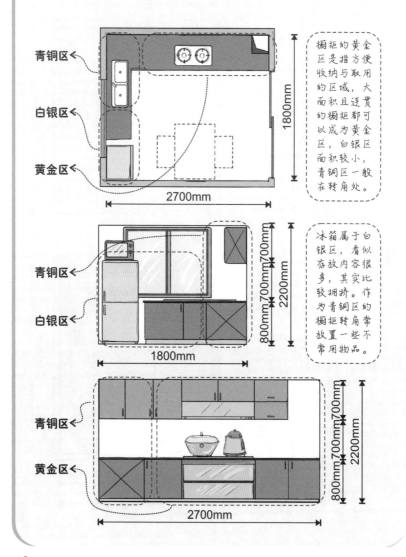

青铜区

白银区

黄金区

2700mm

1800mm

橱柜的黄金区是指方便收纳与取用的区域，大面积且连贯的橱柜都可以成为黄金区，白银区面积较小，青铜区一般在转角处。

青铜区

白银区

1800mm

800mm 700mm 700mm

2200mm

冰箱属于白银区，看似在放内容很多，其实比较拥挤。作为青铜区的橱柜转角常放置一些不常用物品。

青铜区

黄金区

2700mm

800mm 700mm 700mm

2200mm

牢记数据里面有黄金

◎不同的储藏区域内该怎样设计？

☆牢记尺寸就可以。

黄金区

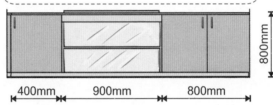

笔直的下柜是厨房的收纳黄金区，整体结构通畅，犹如一个集装箱。一体化电器设备能恰如其当地安排在中间。高度800mm左右，深度600mm，平开柜门的宽度一般为400mm。

400mm　900mm　800mm

800mm

白银区

白银区位于上下橱柜之间，主要依靠挂架挂件来存放常用的厨具。上下柜之间的高度预留一般为700mm。

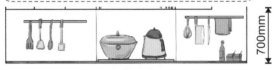

700mm

上柜的物品取用比较少，多放置不常用的小件轻质物品，深度300mm，高度700mm。过大容易碰头，过小不方便收纳。

青铜区

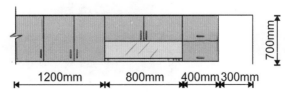

1200mm　800mm　400mm　300mm

700mm

阻碍橱柜收纳效率的问题

◎为什么有很多东西还是放不进橱柜呢？

☆阻碍橱柜收纳效率的罪魁祸首是橱柜深度、搁板高度、抽屉深度。

◎那怎么解决？

☆橱柜深度不需要太深，搁板高度一定要高，但是不能减少搁板，抽屉深度需要搭配设计。

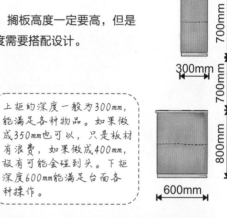

① 橱柜深度

> 上柜的深度一般为300mm，能满足各种物品。如果做成350mm也可以，只是板材有浪费，如果做成400mm，极有可能会碰到头。下柜深度600mm能满足台面各种操作。

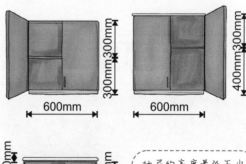

② 搁板高度

③ 抽屉高度

> 抽屉的高度最低不少于100mm，多为150mm，最高可以达到350mm，能竖向放入盘子。但是太高的抽屉难免会放入重物，会增加滑轨的负荷，造成损坏。

收纳区改造方案

 遇到问题

常规橱柜设计制作都比较简单，很多设计师和橱柜商都希望越简单越好，当今多为按直米销售的计算方式，这种橱柜能大幅度提高制作、安装效率，同时降低成本。但是对小物品的收纳能力有限。

② **完美解决**

上柜多分出玻璃柜门，能更清楚地看到橱柜中存放的东西，提高橱柜使用效率，适当降低油烟机高度能加大上柜的储藏能力。下柜划分出更适合小物品的存放。

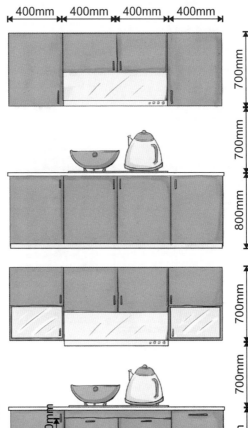

400mm 400mm 400mm 400mm

700mm 700mm 800mm

700mm 700mm 800mm

50mm 150mm 350mm 200mm

400mm 400mm 400mm 400mm

冰箱最会抢地盘

颠覆三观的超级大冰箱

◎冰箱食物不健康，为什么越来越多的人会买大冰箱？

☆工作太忙了，没时间去超市采购，一次性买很多东西囤起来。此外，大冰箱给人感觉气派、时尚、特有面子吗。

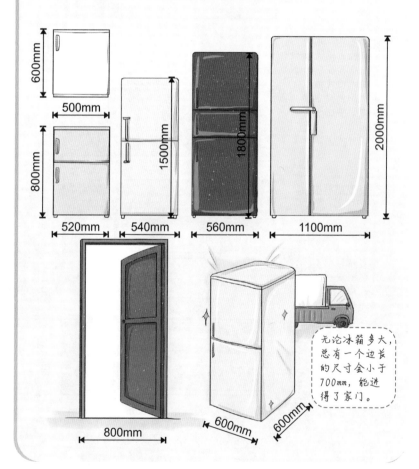

无论冰箱多大，总有一个边长的尺寸会小于700mm，能进得了家门。

让不让冰箱入厨房

◎厨房面积小，放进冰箱就所剩无几了，怎么办？

☆小厨房只能把冰箱放在餐厅或客厅，现代生活节奏快，饮食多样化，不建议买太大冰箱的。

◎我还是想把冰箱挤进去。

☆可以尝试一下用小冰箱，改变以往的生活习惯。

◎让一让！

 大冰箱不入厨房

按现有的住宅空间分配比例，双开门大冰箱一般进不了厨房，只能放在相邻的餐厅内，推拉门常开的状态能将冰箱与厨房融为一体。

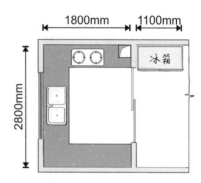

② **小冰箱融入橱柜**

如果希望增加橱柜的储藏空间，可以选用小冰箱，将冰箱融入橱柜，小冰箱带来的是健康的生活方式。

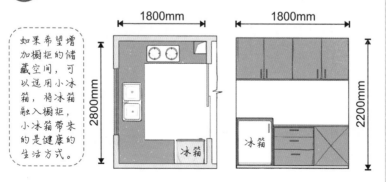

完美的冰箱收纳图

 单侧开门冰箱

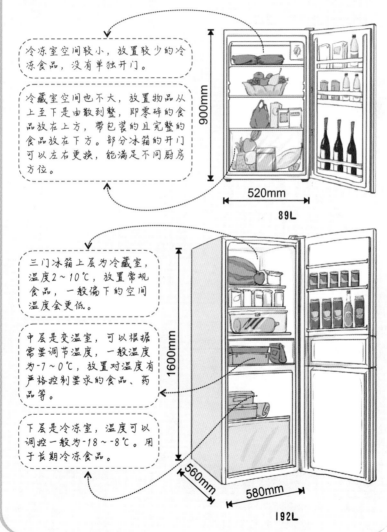

冷冻室空间较小，放置较少的冷冻食品，没有单独开门。

冷藏室空间也不大，放置物品从上至下是由散到整，即零碎的食品放在上方，带包装的且完整的食品放在下方。部分冰箱的开门可以左右更换，能满足不同厨房方位。

900mm

520mm

89L

三门冰箱上层为冷藏室，温度2~10℃，放置常规食品，一般偏下的空间温度会更低。

中层是变温室，可以根据需要调节温度，一般温度为-7~0℃，放置对温度有严格控制要求的食品、药品等。

下层是冷冻室，温度可以调控一般为-18~-8℃。用于长期冷冻食品。

1600mm

560mm

580mm

192L

② 对开门冰箱

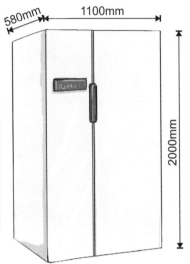

580mm 1100mm 2000mm

对开门冰箱的温控模式更多，开门方便灵活，在面积较大的厨房中能发挥更大优势。但是对开门冰箱的缺点要注意回避：

1. 体积较大，一般厨房放不下，只能放在餐厅甚至客厅，摆放时注意走道空间不要受干扰。

2. 高度大，放在上部的食品不便拿取，上部一般放长期储藏且带包装的食品。

3. 长期食用冰箱食品不利于健康，每周要注意清一次库存为佳。

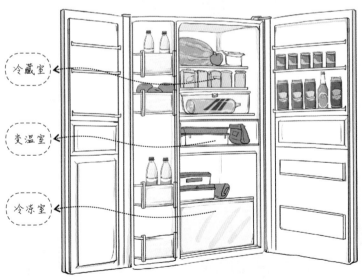

冷藏室

变温室

冷冻室

610L

占地方的五兄弟

必备的三兄弟

◎厨房并不小，为什么总觉得没地方放东西？

☆现代小家电实在是太多了，电饭煲、电压力锅、料理机、豆浆机等一大堆，最突出的是微波炉、烤箱、消毒柜、热水器、净水器，块头大又不可缺少。

◎果然如此，这五件太占位置了，怎么摆放才完美？

☆那要从正确使用方法入手。

1 微波炉

微波炉放在独立区域，最好不占用台面空间。

2 烤箱

烤箱根据使用频率来安排空间，一般在下柜中。

3 消毒柜

家用消毒柜不要太大，放在下柜中。

4 热水器

热水器安装在上柜中，或安装在无橱柜的墙面。

5 净水器

净水器安装在水槽所在的下柜中，注意预留空间与电源。

微波炉的放法

永远都够不着的大冰箱。

1600mm

经常会泼洒的上柜微波炉。

1500mm

微波炉墙面支架的价格低廉，安装高度与间距要根据不同型号微波炉来设置。

微波炉的放置高度不宜超过1300mm，以眼睛清晰能看到微波炉内的状况，以双手能顺利取放食物为佳。

1200mm

烤箱的放法

多层叠加的方式不利于散热，电器在工作时还会产生共振，不利于正常工作。

并列的方式也不利于散热，两者之间应当至少保持间距150mm。

过低的台面也不利于操作与置物。

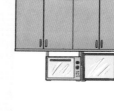

700mm

700mm

使用频率并不高的烤箱可以考虑放置在下柜的整体抽屉中，在柜内预留电源。使用时犹如拉开抽屉一样方便，下部多余空间还可以放置烘焙材料与器具。

烤箱在使用过程中应保持抽屉处于拉开状态，可避免其安全隐患问题，并便于散热和观察食物的状况。

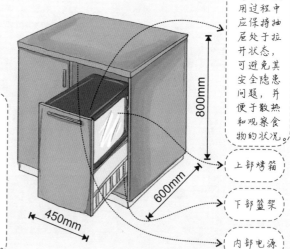

800mm

600mm

450mm

上部烤箱

下部篮架

内部电源

消毒柜的放法

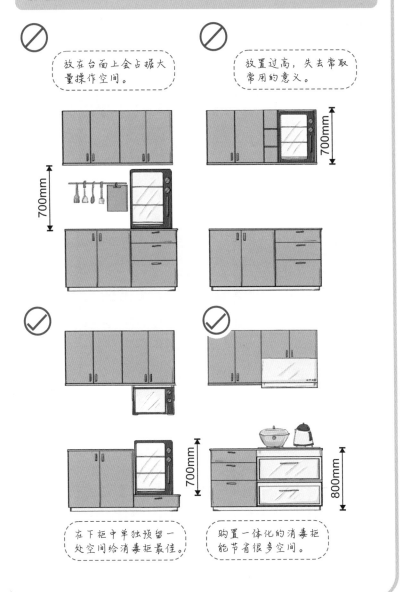

放在台面上会占据大量操作空间。

700mm

放置过高，失去常取常用的意义。

700mm

在下柜中单独预留一处空间给消毒柜最佳。

700mm

购置一体化的消毒柜能节省很多空间。

800mm

热水器的放法

 燃气热水器不宜与燃气表同放在一个封闭的上柜内,易发生安全事故。

 燃气热水器应当与燃气表分开放置,燃气热水器安装在无门上柜中。

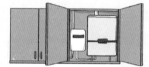

放置燃气表的上柜应当开设百叶窗通风换气。

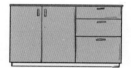

 电热水器可以放在封闭的上柜中,注意选用下出水的产品。

电热水器可以放在封闭的下柜中,接近水槽为佳,注意选用上出水的产品。

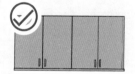

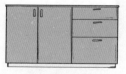

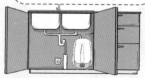

小型电热水器又称为"小厨宝",是一种容量为20L左右的小型电热水器,仅供厨房水槽洗碗、洗菜用,不能直饮。

净水机的放法

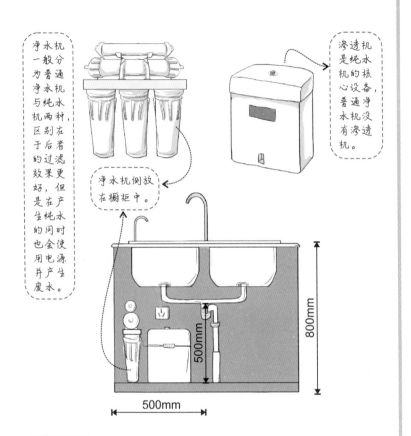

净水机一般分为普通净水机与纯水机两种，区别在于后者的过滤效果更好，但是在产生纯水的同时也会用电源并产生废水。

净水机侧放在橱柜中。

渗透机是纯水机的核心设备，普通净水机没有渗透机。

800mm

500mm

500mm

想想吧

　　纯水机是指将水中盐类除去或降低到一定程度的净水设备，是一种采用多级滤芯进行水质净化处理的净水设备，处理中多使用不添加化学物质的过滤、吸附、反渗透等物理方法。纯水机能过滤水中的漂浮物，重金属、细菌、病毒等，具较高的过滤技术，家用纯水机比较适合自来水污染较为严重的地区家庭安装。

上柜中的玄机

上柜尺寸是关键

◎橱柜上觉得没有什么东西可放，放了也觉得不好拿。

☆关键是尺寸要把握好。

> **上柜尺寸数据**
> 最高点＝室内净空－500～600mm
> 最低点＝人体身高－80～100mm
> 深度＝300mm

> 日常生活中最大的盘子不会超过10寸，即φ254mm。造型特异的盘子最大宽度也不会超过280mm。

> 高柜不宜过高或过低，以常用者的身高为基准，低80～100mm为佳。

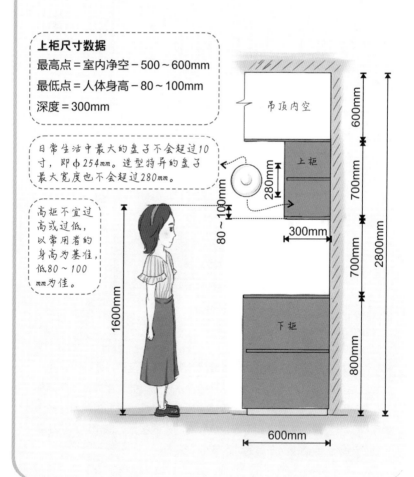

吊顶内空

上柜

下柜

600mm

280mm

80～100mm

300mm

600mm

700mm

700mm

800mm

2800mm

1600mm

看似很小的上柜能放什么

上柜中一般可分为上下两层，上层放置不常用物品，下柜中放置常用物品。

300mm

1200mm

700mm

料理机　　　豆浆机　　　面条　　　食品容器

盒装食品　　　方便面　　　不常用的各类餐具

分类归纳一清二楚

◎上柜里放的东西总是看不见，时间久了就会忘记放了些什么，很多食物变质了都还不知道。

☆上柜放置的东西一般是较少用的，至于什么东西较少使用，那就根据家庭的饮食习惯来定了。上柜的最高层一般放不常用的工具、设备，下层放置食品、干货等。

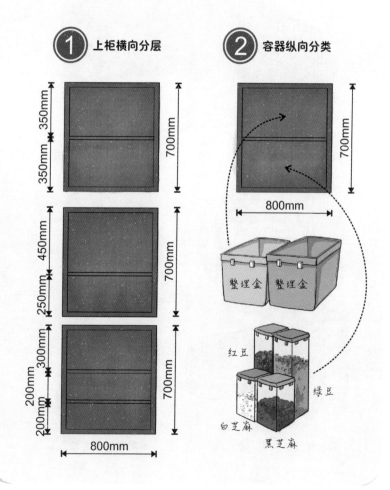

① 上柜横向分层

② 容器纵向分类

350mm
350mm
700mm

450mm
250mm
700mm

300mm
200mm
200mm
700mm

800mm

700mm

800mm

整理盒 整理盒

红豆

绿豆

白芝麻

黑芝麻

上柜中的照明体验

◎切菜和料理的采光感觉不足，自己的身体把顶灯光源遮挡了。

☆上柜可以安装灯具，柜内柜外都可以安装。

① 柜内灯

上柜内可以根据需要安装照明灯，光源靠近柜门，向内照射，能将柜内物品照明清晰。如果安装在内侧向外照射，容易产生眩光，给人带来不适应。开关安装在墙面高度1300mm为佳，安装有灯具的柜门一般采用玻璃，防止遗忘关灯而浪费电。

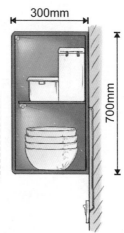

300mm

700mm

② 柜外灯

上柜外可以根据需要安装照明灯，光源靠近柜门下部，向内下方照射，能将操作区照明清晰。如果安装在内侧向外照射，同样也容易产生眩光，给人带来不适应。

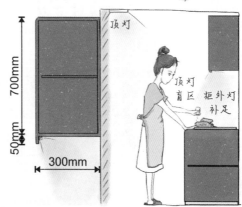

700mm

50mm

300mm

顶灯

顶灯盲区

柜外灯补足

135

柜门的样式之争

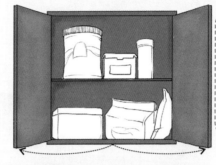

① 平开门

平开门内一般放置长期不用或少用的食品、容器等，柜门处于关闭状态容易遗忘柜内的东西。

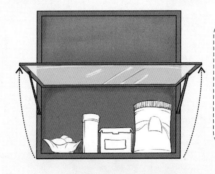

② 翻板门

翻板门内一般放置常用的食品、容器等，柜门需要安装液压撑杆铰链，翻板门一般安装玻璃门。

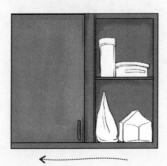

③ 推拉门

推拉门使用很灵活，适用于常用物品。但是推拉门不能将柜门完全开启，总会遮挡50%柜门，此外，推拉门还占据柜体深度50mm，影响储物的深度。

油烟机的占位之争

◎油烟机会占据很大的空间。

☆只能见缝插针，可以选择新型的油烟机，占位会有改观。

① 中式

② 欧式

占据部分上柜体积。

占据部分上柜体积。

占据很少或不占上柜体积。

不占据上柜体积。

③ 壁挂式

④ 集成式

下柜中的秘密

下柜的帽子

◎橱柜的台板一直在演进，什么材料才是最好的？

☆没有最好的，只有最合适的。

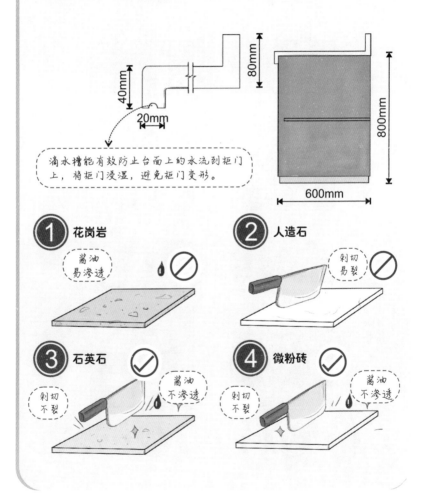

滴水槽能有效防止台面上的水流到柜门上，将柜门浸湿，避免柜门变形。

1 花岗岩
酱油易渗透

2 人造石
剁切易裂

3 石英石
剁切不裂
酱油不渗透

4 微粉砖
剁切不裂
酱油不渗透

一成不变的定律

◎下柜的高度是不是一成不变的800mm，与身高有关系吗？

☆当然不是一成不变的，只是橱柜厂家和经销商为了降低成本，节省板材才做出固定的高度。

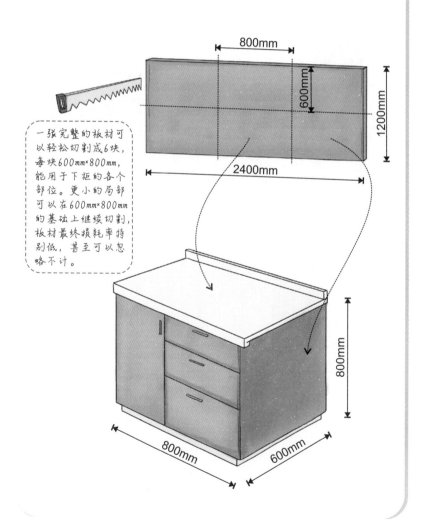

一张完整的板材可以轻松切割成6块，每块600mm×800mm，能用于下柜的各个部位。更小的局部可以在600mm×800mm的基础上继续切割，板材最终损耗率特别低，甚至可以忽略不计。

操作台面的高度定律

◎那么橱柜的操作台面设计多高才合适呢?

☆根据常用者的身高有一个特别好记的定律。

◎哦? 那好。什么定律?

☆我要切。

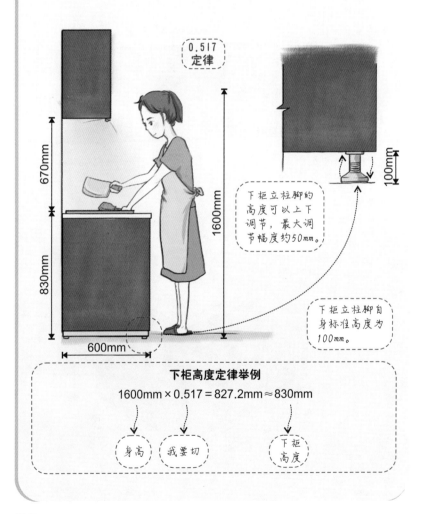

0.517
定律

670mm

830mm

1600mm

600mm

100mm

下柜立柱脚的高度可以上下调节,最大调节幅度约50mm。

下柜立柱脚自身标准高度为100mm。

下柜高度定律举例

1600mm × 0.517 = 827.2mm ≈ 830mm

身高

我要切

下柜高度

燃气灶台的高度定律

◎炒菜时总觉得手酸，是不是要降低下柜的高度？

☆在这个区域内，肯定要下降下柜的高度，也有一个定律，更好记。

◎什么定律？

☆齐发。

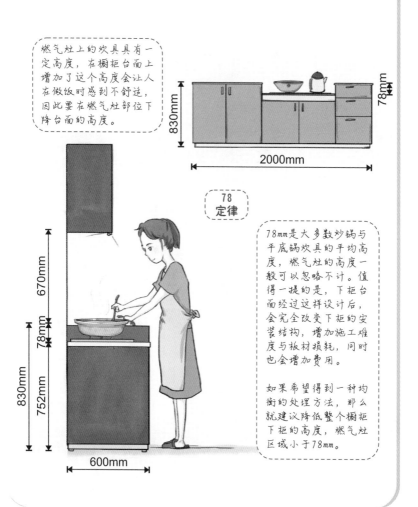

燃气灶上的炊具具有一定高度，在橱柜台面上增加了这个高度会让人在做饭时感到不舒适，因此要在燃气灶部位下降台面的高度。

78mm

830mm

2000mm

78
定律

78mm是大多数炒锅与平底锅炊具的平均高度，燃气灶的高度一般可以忽略不计。值得一提的是，下柜台面经过这样设计后，会完全改变下柜的安装结构，增加施工难度与板材损耗，同时也会增加费用。

如果希望得到一种均衡的处理方法，那么就建议降低整个橱柜下柜的高度，燃气灶区域小于78mm。

670mm

78mm

830mm

752mm

600mm

下柜中的收纳空间

◎下柜中的收纳空间很多，但是一不留神就装满了。

☆下柜中的收纳空间主要分为三种收纳形式：抽屉、搁板、拉篮。

 抽屉

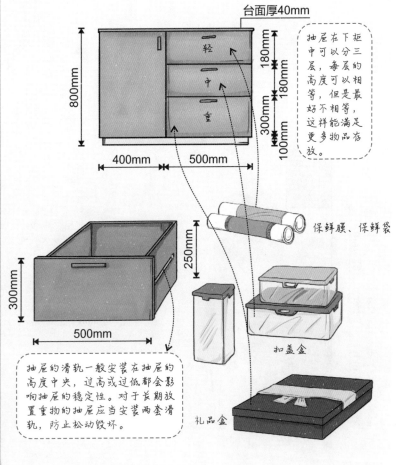

台面厚40mm

抽屉在下柜中可以分三层，每层的高度可以相等，但是最好不相等，这样能满足更多物品存放。

800mm

180mm

180mm

300mm

100mm

400mm

500mm

保鲜膜、保鲜袋

250mm

300mm

500mm

扣盖盒

礼品盒

抽屉的滑轨一般安装在抽屉的高度中央，过高或过低都会影响抽屉的稳定性。对于长期放置重物的抽屉应当安装两套滑轨，防止松动毁坏。

② 搁板

下柜中的搁板一般不固定，因为大家都不清楚以后会买回什么厨房用品，如果体积过大，就无法放入，因此，无论是纵向还是横向，搁板都不要做成固定的。此外，搁板的宽度不要超过800mm，防止承受重物后变形弯曲，或者在下部增加纵向板材支撑。

大多数下柜都是空荡荡的，不制作任何搁板，虽然储物能力受到影响，但是要比固定搁板灵活多变，随时能装下各种大件。

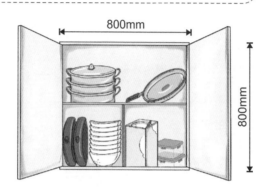

③ 拉篮

米放在什么地方因人而异，作为南方的主食用量较大，可以在抽屉式柜门内安装拉篮，放入尺寸合适的米箱。

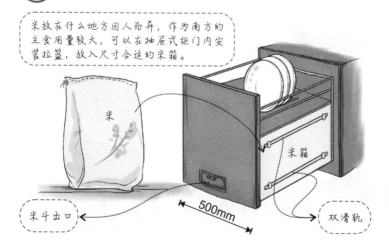

米斗出口

米箱

双滑轨

米

500mm

任性的抽屉与拉篮

① 很方便

拉篮与抽屉一直都是厨房的宠儿，甚至很多家庭不再需要平开柜门，取而代之的全是抽屉，但是抽屉的承重通过滑轨来完成，滑轨既要承重，又要开关活动，容易造成磨损，质量再好最终会损坏，给生活带来不便，理想的状态是40%的拉篮与抽屉，60%的开门。

普通开门下柜，看不到柜内的东西。

拉篮与抽屉能轻松开启关闭柜门，查找柜体里面的东西。

② 很任性

不锈钢拉篮约320元/件

三节品牌滑轨约32元/副

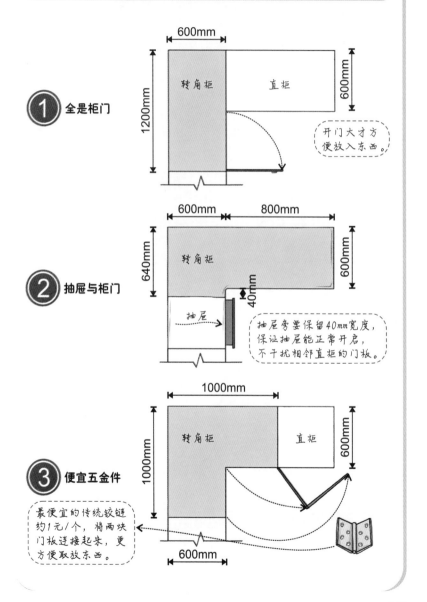

①全是柜门

600mm
1200mm
转角柜 直柜 600mm

开门大才方便放入东西。

②抽屉与柜门

600mm 800mm
640mm
转角柜 600mm
40mm
抽屉

抽屉旁要保留40mm宽度,保证抽屉能正常开启,不干扰相邻直柜的门板。

③便宜五金件

1000mm
1000mm
转角柜 直柜 600mm
600mm

最便宜的传统铰链约1元/个,将两块门板连接起来,更方便取放东西。

厨房中的收纳"神器"

昂贵的拉篮五金件

◎橱柜中的拉篮很好用。

☆当然，价格也好。

◎能买便宜的吗？

☆不建议买便宜的，对承载的强度有要求，自然价格也就不便宜。

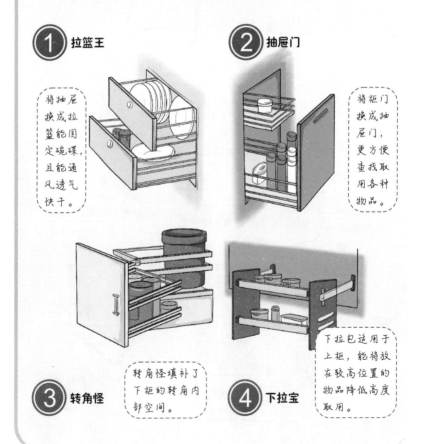

① 拉篮王

将抽屉换成拉篮能固定碗碟，且能通风透气快干。

② 抽屉门

将柜门换成抽屉门，更方便查找取用各种物品。

③ 转角怪

转角怪填补了下柜的转角内部空间。

④ 下拉宝

下拉包适用于上柜，能将放在较高位置的物品降低高度取用。

台面收纳神器

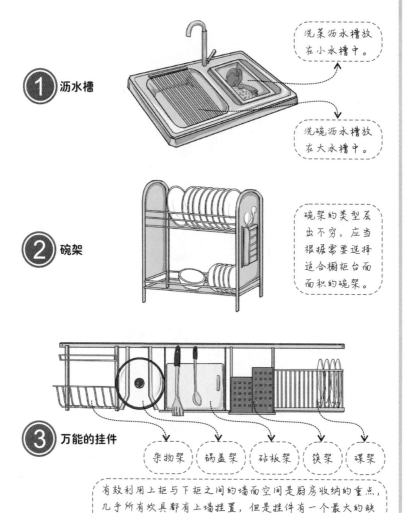

①沥水槽

> 洗菜沥水槽放在小水槽中。

> 洗碗沥水槽放在大水槽中。

②碗架

> 碗架的类型层出不穷，应当根据需要选择适合橱柜台面面积的碗架。

③万能的挂件

杂物架　锅盖架　砧板架　筷架　碟架

有效利用上柜与下柜之间的墙面空间是厨房收纳的重点，几乎所有炊具都有上墙挂置，但是挂件有一个最大的缺点，就是裸露在外部，容易受到污染，每次取用时都要清洁，给厨房操作带来不便。

齐备的容器收纳方法

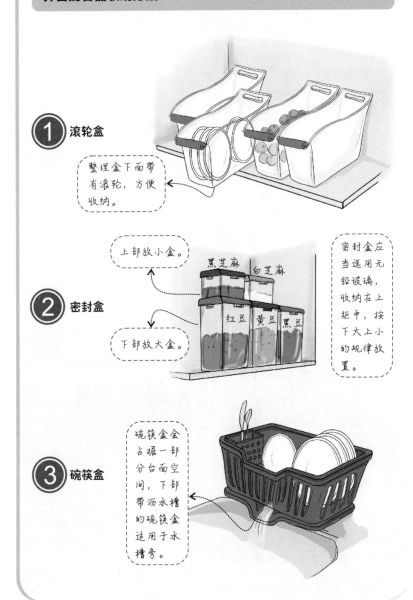

1 滚轮盒

整理盒下面带有滚轮，方便收纳。

2 密封盒

上部放小盒。

黑芝麻　白芝麻

红豆　黄豆　黑豆

下部放大盒。

密封盒应当选用无铅玻璃，收纳在上柜中，按下大上小的规律放置。

3 碗筷盒

碗筷盒会占据一部分台面空间，下部带沥水槽的碗筷盒适用于水槽旁。

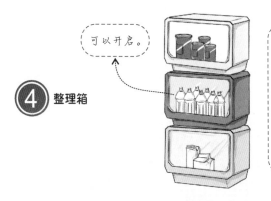

可以开启。

④ **整理箱**

这种带透明盖板的整理箱放在厨房边角空隙处可以填补空间，上下叠加摆放，节省不少空间。最关键的是盖板能起到密封作用，成为名副其实的橱柜。

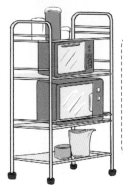

⑤ **置物架**

这种传统的置物架看似落伍了，但是存放量很大，以不锈钢材质为佳，微波炉、烤箱全都放入，各种物品都能收纳到位。

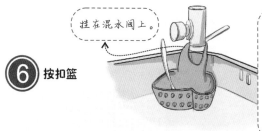

挂在混水阀上。

⑥ **按扣篮**

按扣篮挂在水槽的混水阀上，用于放置清洁球、清洁布等特殊洗涤工具，取用方便，价格便宜，脏了也不用洗，直接换新的。

抽屉分隔盒

下部镂空，厨房餐具的水会积在抽屉中，时间长了会发霉。

传统的抽屉分隔板可以任意穿插，相互组合成大小不一的格子。

带封底的抽屉分隔盒能托住积水，单独将抽屉分隔盒取出擦干即可。

抽屉分隔盒侧壁有插槽，可以任意插入各种规格的隔板。

抽屉分隔盒应当在装修制作橱柜之前就根据需要买好，设计橱柜抽屉时根据抽屉分隔盒的尺寸来定制抽屉，否则就会浪费不少宝贵的空间。

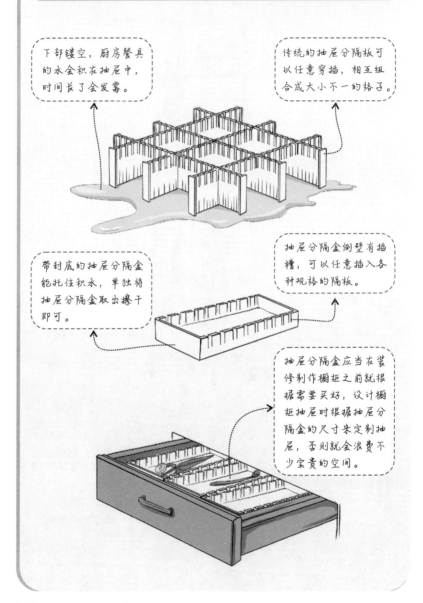

橱柜分隔板

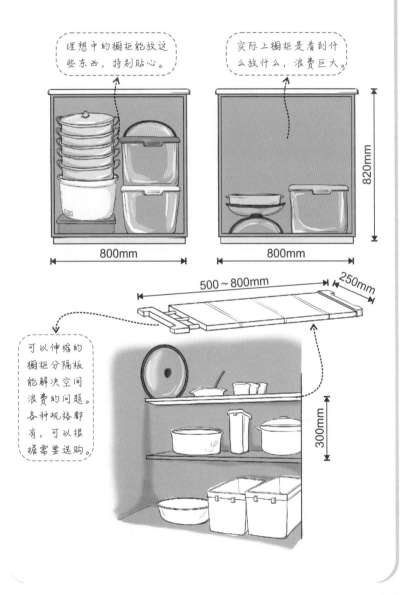

理想中的橱柜能放这些东西，特别贴心。

实际上橱柜是看到什么放什么，浪费巨大。

820mm

800mm

800mm

500~800mm

250mm

可以伸缩的橱柜分隔板能解决空间浪费的问题。各种规格都有，可以根据需要选购。

300mm

处处可寻的垃圾桶

1 垃圾桶

不建议将垃圾桶集成到橱柜中，容易生菌发霉，更容易忘掉倒垃圾，腐蚀气味会弥漫整个橱柜。

带盖板的垃圾桶容易被忽视里面存放了多少垃圾，容易忘倒，不适合厨房用。

最普通的垃圾桶最合适，不宜太大，满足一日之需即可。

2 垃圾盒

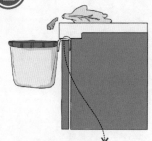

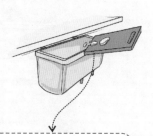

垃圾盒挂在橱柜门板上，能随时将台面垃圾清扫入内，每餐结束后能及时清洗，价格低廉，适用性很广。

努力做好饭
开心用好餐

Chapter 6

卧室不仅只有大衣柜

卧室家具布置多样

无敌大衣柜

开发床的收纳功能

利用好外挑窗台

奢华的衣帽间

卧室家具布置多样

◎总觉得卧室有装不完的东西，再多衣柜也不够用。

☆要突破观念，卧室不是储藏间，衣柜不是储藏柜，要将多余的东西分到其他空间和其他家具里。

◎卧室除了衣柜还有其他家具吗?

☆床、床头柜、更衣间都是不错的收纳空间。

 衣柜装不下

衣柜很容易就被塞满了。

 **其他家具容积有限**

床头柜只能放些零碎物品。

房间很拥挤

如今的商品房越来越袖珍。

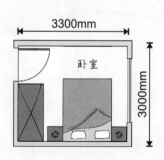

3300mm

卧室

3000mm

收到的效果

① 衣柜的分区

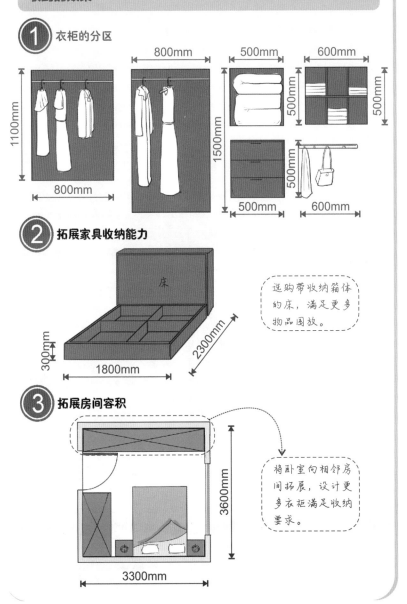

② 拓展家具收纳能力

选购带收纳箱体的床，满足更多物品固放。

③ 拓展房间容积

将卧室向相邻房间拓展，设计更多衣柜满足收纳要求。

卧室不只是床和衣柜的天下

◎卧室放一张床就很满了，加上衣柜，能走人就很不错了，还能放什么家具？

☆床和床头柜所占的面积确实不小，瞬间4m²就没了，但是衣柜不一定会占据卧室空间。

◎难道还要单独拓展一间衣帽间吗？那岂不是更占面积？

☆只要卧室的家具布置井然有序，多少东西都能囤下去。

◎其实很多家庭，从搬入新居开始就是满的，完全不知道该怎样再放入新的东西了？

☆除了扔掉一部分东西外，最关键的是分类归纳，在分类的同时就会发现存在很多重复的东西，这时就能明确哪些东西该舍弃，哪些东西该保留。

◎卧室除了衣柜、床头柜，还有哪些地方可以放东西？

☆可以选购带储藏功能的床和沙发，还可以改造的外挑窗台，增设位于墙面高处的吊柜等，都是不错的选择。

标准主卧室

倚墙型布置

将床靠着墙边摆放可以将卧室空间最大化利用起来，墙边可以贴壁纸或软木装饰。床体可以放在地台上，显得更有档次，床尾处最好留条走道，能方便上、下床。卧室里剩余的空间就可以随心所欲了，大体量衣柜、梳妆台、书桌、电视柜可以全盘皆收。

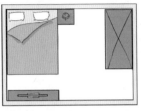

9m²

倚窗型布置

床头对着窗台，使空间显得更端庄些，很适合面积小而功能独立主卧室。阳光通过窗户直射到被褥上，还可以起到"晒棉被"的作用，有利地保障了主卧室的卫生环境。床正对着衣柜，可以在衣柜中放置电视机，但是衣柜的储藏空间会受到影响。

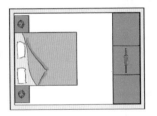

9m²

标准型布置

大多数主卧室希望在一间房中摆放很多家具，同时又不显得拥挤。采用这种布局，卧室面积最小不能低于12m²，否则就不能容纳更多的辅助家具。床正对着电视柜，它们之间需要保留至少0.5m的走道。沙发和躺椅随意选配，不用按部就班设计。

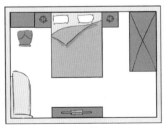

12m²

倚角型布置

　　圆床比较适合放置在主卧室的墙角，极力地减少占地面积。然而床头柜的摆放就成问题了，可以利用圆床与墙角间的空隙来制作一个顶角床头柜。同时，圆床也可以放置在地台上，注意其他家具不要打破圆床环绕的布局形态，地台的边角部位要注意处理柔和。

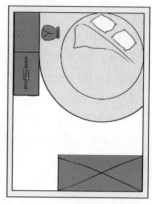

12m²

套间型布置

　　对于房间数量充足的住宅户型，可以将相邻两间房的隔墙拆掉，扩大主卧室面积，设计成套间的形式。其中一侧做睡眠区，另一侧做休闲区，中间相隔双面电视背景墙，旋转的液晶电视机能让主卧室进一步活跃起来，两区之间设计梭拉门或厚实的幕帘。

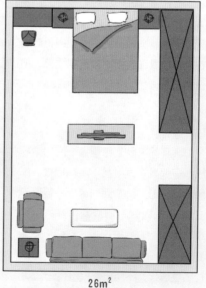

26m²

标准主卧室家具

标准双人床有1.5m宽，很普及，足够多数家庭使用了。靠墙放置或独立中心放置都可以，能有效节约卧室空间。

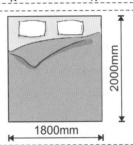

2000mm
1500mm

加宽标准双人床，睡觉爱翻身的人可以选择这款1.8m宽的大床。现代年轻人基本上都会购买此类产品，一般要独立中心放置。

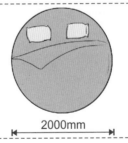

2000mm
1800mm

标准圆床，圆床很占空间，若卧室不大，最好紧贴着墙角摆放，购买圆床的同时还要配置相应的床头柜。

2000mm

床垫，弹簧床垫很厚，放在床架上要注意整体高度，睡眠平台过高会让人感觉到恐慌。山棕床垫是不错的选择，透气耐用，就是弹性稍逊。

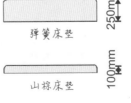

弹簧床垫   250mm

山棕床垫   100mm

脚凳，放在床的尾部，用于搁置衣物和被褥，也可用于拓展床的长度，使睡眠更安心、更自由。但是不要长期坐在上面，影响跨度结构。

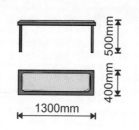

床头柜，买床时必定要搭配床头柜，它的材质、造型、尺度一定要和床相匹配，注意床头柜的高度不要超过床垫表面，否则很容易碰头。

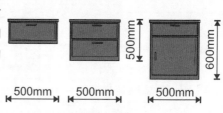

立柱床架，选购时一定要注意立柱的安装是否牢固，千万不要有"吱吱呀呀"的声音。宽边床架的床板要比床垫宽，可以托住被子。

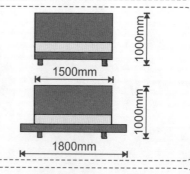

箱式床架，下面带抽屉，可以放置很多东西，弥补了卧室衣柜储藏空间的不足。抽屉的朝向一定要保留抽拉空间，千万不要将物品卡住。

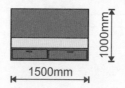

多样次卧室

倚墙型布置

　　面积小的客卧室一般都照此布局，剩余的空间可以放置其他杂物。床一般靠墙摆放，不宜靠窗。床头柜、书桌、衣柜是最基本的家具，也可以购买组合为一体的多功能家具，但是不要太突出其中某一件家具的功能，因为客卧室主要还是给他人居住的。

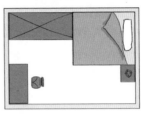

8m²

隐蔽型布置

　　客卧室可以兼做储藏间。在组合衣柜里设计一张可以展开的单人床，不用时收纳到衣柜中，不占空间。这类家具一般购买成品组合套件，不要现场定做，现有的木工施工水平很难做得十全十美。注意金属连接件的品质，否则会在床展开、收纳时出现问题。

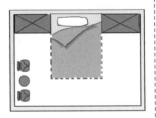

8m²

标准型布置

　　客卧室内各种家具的布置和普通卧室一样。床、衣柜、电视柜等家具沿墙体摆放，选用宽1.2m或1.5m的床。客卧室面积一般比主卧室小，电视柜适合摆放在对着床尾墙角处。其他家具不要堆积过多，给客人营造宽松、自在的环境。

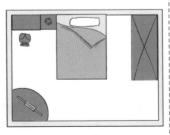

12m²

双床型布置

在一个不大的客卧室内放置两张床，会显得比较紧凑，两床之间可以共用一个床头柜，从而节约空间。每张床的宽度不宜低于1m，如果空间实在很紧张，可以将其中一张床靠墙布置。电视柜正对床头柜，梳妆台、写字桌等辅助家具也可以适当省略。

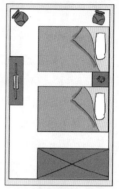

15m²

休闲型布置

在老人房内腾出一个不大的空间，放置躺椅，可以让生活变得更惬意。躺椅在使用过程中会来回摆动，容易与周边的家具发生碰撞，影响到老年人的起居安全。在空间布置时，可以适当处理周边家具的转角，使其不再显得尖突、锐利，保证老年人的安全。

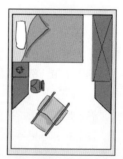

12m²

储藏型布置

老人房内设计充足的储藏柜，很符合老年人的起居习惯。一时舍弃使用多年的随身物品是很难的，依照墙体布置储藏柜，是最贴切、妥善的布局方式。储藏柜内分隔要合理，将储藏柜内不同年限、不同类型的物品分开放置，而且还要方便查找、取用。

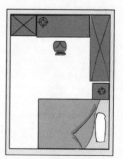

12m²

中央型布置

　　居中布置双人床，让人感到安全、沉稳，老人房的衣柜不必设计很多，完全以中轴对称的形式布局，符合大多数老年人的传统思想观念。床头穿插到衣柜里面，既节省空间，又增加了睡眠的心理安全。沙发椅等配属家具可以灵活布置，保证主要中心不变即可。

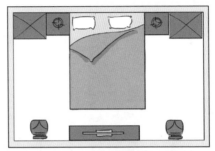

12m²

多功能型布置

　　在面积较宽裕房间里，可以增加转角沙发，方便老年人之间的交流，避免一个人寂寞。床紧靠在沙发背后，也有助于睡眠安全，并防止从床一侧跌下，发生危险。衣柜所占据的空间较大，内部可以分设书桌、电视柜等固定家具，可一并安置在衣柜拉门内。

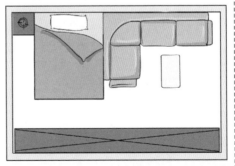

15m²

多样次卧室家具

推拉门衣柜里的布局要根据使用者的生活习惯来设计，并不是抽屉越多越好，过多的抽屉会让人混淆不清，使用时就会造成混乱。

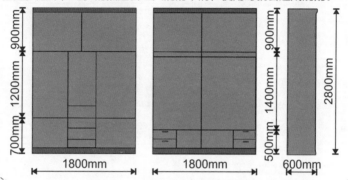

标准单人床宽1m，适合20岁左右的年轻人使用。1.2m属于加宽型单人床，放在面积的大卧室中或供年长者使用。

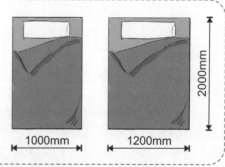

梳妆台宽度不宜低于0.7m，深度不宜低于0.4m，要保证抽屉内能存放更多物品。也可以将梳妆台与床头柜或电视柜相连接，形成组合家具。

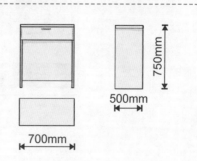

方正的沙发床，展开后很平稳，坐、卧都能达到较大的舒适度，但在外观上要符合现代的装饰手法，需要选择老年人喜好的特定色彩。

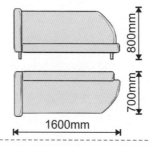

贵妃榻，起源于波斯，很洋气的味道，可卧可坐，等于不占用卧室空间就增加了一张床，比较适合自由、随意、无拘无束的生活习惯。

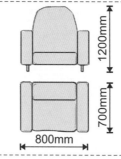

标准的沙发椅，很传统，很老套，但是坐上去却很舒服，软软的有弹性。在老人房里只适合摆放一件，否则会比较拥挤。

安逸的躺椅占据比较大的空间，坐上去摇摇晃晃，让人很放松。注意一定要选择平衡感好的躺椅，保障老年人的安全。

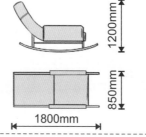

精致儿童卧室与家具

倚墙型布置

床贴着墙放置很安全，小孩子不容易滚落到地上，但是床的位置不要靠窗，否则睡觉时很容易着凉。转角书桌能最大化拓展学习环境。床尾可以摆放衣柜，床和梭拉门衣柜间的距离至少要保留100mm，各种家具的边角要注意处理圆滑，以免发生碰撞。

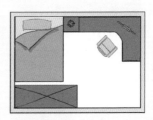

8m²

上下型布置

儿童喜欢活动，床放在高处可以满足儿童的活动激情，床下的空间可以布置书桌和书柜。床底部的高度要在1300mm以上，才能满足正常的坐姿高度。上下楼梯最好设计4～5阶，这种集约型布局可以腾出多余的空间布置储藏柜。

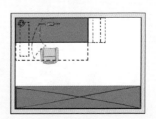

8m²

标准型布置

这种布局和普通卧室没有两样，适合年龄较大的孩子居住，满足他们对独立的渴望。房间内侧可以宽松些，做日常活动之用，床的位置可以靠外一些，起到分隔空间的作用。储藏柜的设计应该多功能化，既能藏书，又能陈列玩具，适用性很强。

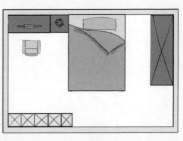

12m²

双床型布置

　　有两个孩子的家庭现在开始增多，两个孩子住在一起可以增进感情。室内面积当然越大越好，床的宽度最低不要小于1m，书桌靠着窗户布置，宽度一般为0.5m。如果空间允许，还可以布置电视柜、书架、玩具架等家具，也可以完全空白，留作活动场地。

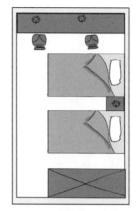

15m²

　　上部是床，下部是沙发，侧面增加衣柜，这种以储藏为主的儿童家具收纳能力很强。在必要的时候，下面的沙发也可以展开当床来使用。

2800mm　1000mm　2200mm

　　高低床很实用，节约室内面积，但现在已经很少用了。木质结构容易松动，金属结构容易弯曲，可以选择木材和金属并用的床架结构。

2000mm　1000mm　2200mm

　　下部是书桌和衣柜，钻入书桌，学习时很有安全感，能聚精会神地投入到书本中去。同时，衣柜的支撑也能为床架起到稳定作用。

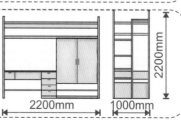

2200mm　1000mm　2200mm

无敌大衣柜

横梁与衣柜

◎大衣柜的确能放很多东西，但是大衣柜往往贴墙布置，顶部的横梁是干扰收纳的主要障碍。

☆遇到有横梁的地方，应当让衣柜门与横梁平齐，柜门不要将横梁遮挡，能有效节省衣柜的耗材。

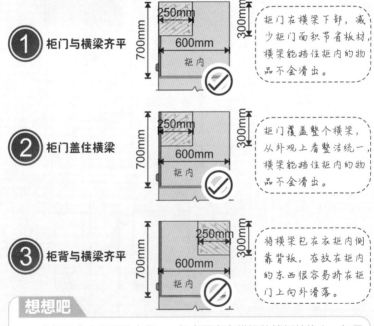

1 柜门与横梁齐平

柜门在横梁下部，减少柜门面积节省板材，横梁能挡住柜内的物品不会滑出。

2 柜门盖住横梁

柜门覆盖整个横梁，从外观上看整洁统一，横梁能挡住柜内的物品不会滑出。

3 柜背与横梁齐平

将横梁包在衣柜内侧靠背板，存放在柜内的东西很容易挤在柜门上向外滑落。

想想吧

　　衣柜是全家最重的家具，一般布置在有横梁的楼板结构上，如果衣柜所处位置地面下方没横梁，会对楼板的承重有一定影响，普通住宅楼板的承重最大负荷是400kg/m^2，但这是设计的最大负荷，类似衣柜这样的重家具，装满物品后会对楼板造成很大压力。因此，衣柜一般要设计布置在横梁上。

推拉门与平开门之争

◎推拉门看上去很高档，但是总觉得有些不妥当的地方。

☆任何构造形式都不是完美的，下面我们就作个对比。

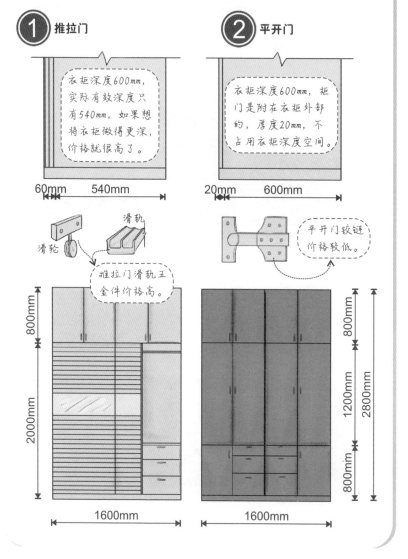

① 推拉门

衣柜深度600mm，实际有效深度只有540mm，如果想将衣柜做得更深，价格就很高了。

60mm 540mm

滑轨

滑轮

推拉门滑轨五金件价格高。

800mm

2000mm

1600mm

② 平开门

衣柜深度600mm，柜门是附在衣柜外部的，厚度20mm，不占用衣柜深度空间。

20mm 600mm

平开门铰链价格较低。

800mm

1200mm

2800mm

800mm

1600mm

搁板的间距

◎衣柜里的搁板是多了好，还是少了好。

☆搁板多了虽然能放很多东西，但是也仅仅限于叠放衣物，挂置的衣物还是不好放，因此，搁板不能多，应当集中安排。

 柜体尺寸比例

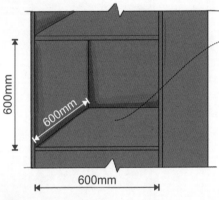

衣柜搁板的最佳尺寸就是长、宽、深三个尺寸保持一致或近似，一般以深度尺寸为主，各项为600mm居多，这样方便各种衣物存放。

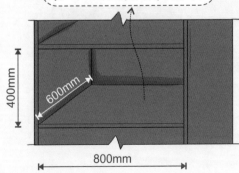 搁板的宽度设计

为了避免搁板上放置的东西过重，可以缩小上下两层搁板之间的距离，防止搁板受重力导致变形。

衣柜搁板不能无止境加宽，否则容易变形弯曲，一般不要超过1000mm，通常搁板上的衣物重量不超过20kg。

抽屉的固定位置

◎抽屉越多越好，但是为什么一般衣柜里面的抽屉设计都很少？

☆这个问题不能用简单的降低成本来回答，抽屉的收纳不能当搁板来使用，太多抽屉只会造成空间浪费。

1 推拉门的抽屉

靠床头柜一侧的衣柜抽屉与平开柜门是无法开启的。

将衣柜抽屉集中在靠床尾一侧，配推拉门开启后，能将抽屉顺利拉出。

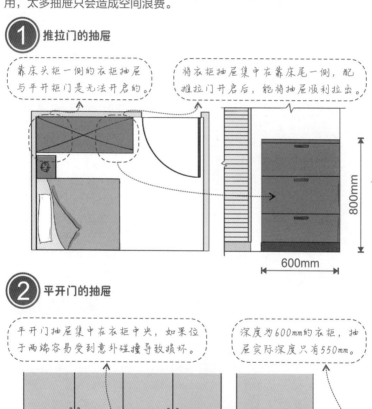

2 平开门的抽屉

平开门抽屉集中在衣柜中央，如果位于两端容易受到意外碰撞导致损坏。

深度为600mm的衣柜，抽屉实际深度只有550mm。

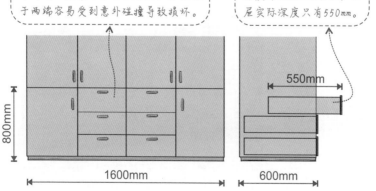

173

挂衣杆的变化

◎金属挂衣杆看上去很结实，挂上衣服后还是会弯，很难看，衣服还会向中间滑。

☆不要用传统的圆管挂衣杆，要用新型的，另外长度也要控制好。

 全新的挂衣杆

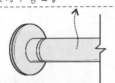

传统的圆形不锈钢管在受到压力时容易发生变形，导致挂衣杆中央向下弯曲。

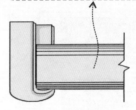

全新的椭圆形铝合金管在受到压力时不会发生变形，安装更方便。

2 加装挂衣钩

挂衣杆的长度一般不超过1000mm，虽然新型挂衣杆不会变形，但是会增加衣柜侧板的负荷，导致固定挂衣杆基座的螺钉脱落。

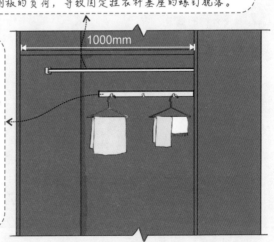

可以在衣柜内侧背板上安装挂衣钩，增加挂衣的存放量。务必注意衣柜的背板应当采用18mm厚板材制作，挂衣钩太薄的胶合板无法承受衣服的重力。

内置穿衣镜

◎卧室放面大穿衣镜，到了晚上挺吓人的，梳妆镜又太小了，看不到全身的试衣效果。

☆可以在衣柜里安装可折叠收纳的穿衣镜，需要时拉出来，不用时收进去，很方便哦。

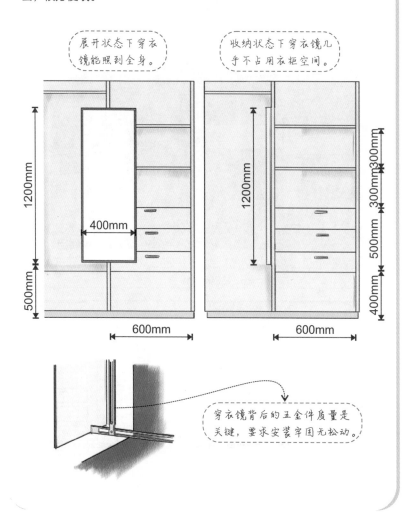

展开状态下穿衣镜能照到全身。

收纳状态下穿衣镜几乎不占用衣柜空间。

穿衣镜背后的五金件质量是关键，要求安装牢固无松动。

纵向分段的思考

◎推拉门衣柜分几扇门合适?

☆门扇数量一般是偶数为佳,一旦设计成奇数,衣柜能开启的面积就很小了,严重影响使用。

由于推拉门衣柜是双层轨道,偶数柜门在轨道上分配均衡,开启后柜门能完全重合,能打开50%的立面面积。

| 800mm | 800mm | 500mm | 600mm | 500mm |

3200mm

2400mm

三扇柜门只能开1/3。

2000mm

2400mm

两扇柜门虽然简洁,但是宽度较大容易松动或变形。

2000mm

2400mm

横向分段的规范

◎衣柜的横向搁板应当怎样设定高度?

☆应当以使用者的身高为依据,当使用者保持站立姿态时,在最大触及高度内设计两个横向高度最佳,分别是上部高度和中部高度。

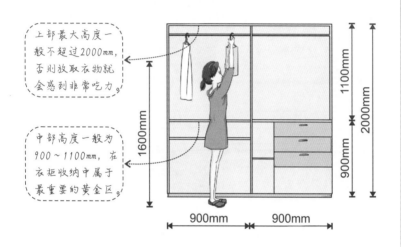

上部最大高度一般不超过2000mm,否则放取衣物就会感到非常吃力。

中部高度一般为900~1100mm,在衣柜收纳中属于最重要的黄金区。

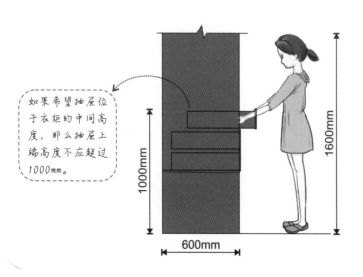

如果希望抽屉位于衣柜的中间高度,那么抽屉上端高度不应超过1000mm。

衣柜边角的运用

◎衣柜与房门之间的空间太浪费了，如果不是考虑要预留开关面板的位置，就像直接做到房门门套的边缘。

☆其实衣柜与房门之间不仅仅要安装开关面板，最重要的是人在出入房间时很容易碰到衣柜，对人和柜都会有影响，于是要预留一定空间。

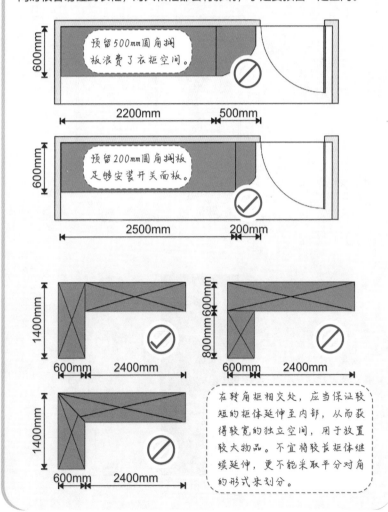

预留500mm圆角搁板浪费了衣柜空间。

600mm　2200mm　500mm

预留200mm圆角搁板足够安装开关面板。

600mm　2500mm　200mm

1400mm　600mm　2400mm

800mm 600mm　600mm　2400mm

1400mm　600mm　2400mm

在转角柜相交处，应当保证较短的柜体延伸至内部，从而获得较宽的独立空间，用于放置较大物品。不宜将较长柜体继续延伸，更不能采取平分对角的形式来划分。

不是所有衣柜的外部边角搁板都要做成圆角，如果搁板的数量较多，也可以在搁板的外凸角边缘切出一个半径只有10mm的小圆角，只要不会伤到人就行。这样能将搁板的收纳效率大幅度提升，使这种搁板不再是具备单纯的装饰功能，而且存放经常使用的物品。

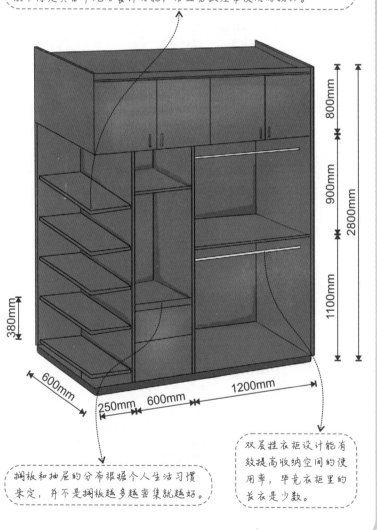

800mm

900mm

2800mm

1100mm

380mm

600mm

250mm

600mm

1200mm

搁板和抽屉的分布根据个人生活习惯来定，并不是搁板越多越密集就越好。

双层挂衣柜设计能有效提高收纳空间的使用率，毕竟衣柜里的长衣是少数。

嵌入式衣柜设计范本

◎什么是嵌入式衣柜?

☆嵌入式衣柜也叫做入墙衣柜,是在住宅建造的时候把衣柜的位置流出来,待装修的时候直接把衣柜镶嵌进去。如果没有留置嵌入位置,可以在装修的时候做假墙来制做一个嵌入衣柜。

◎嵌入式衣柜有什么优势?

☆预留给嵌入式衣柜的空间尺寸比较固定,深度600mm,宽度2000~3000mm,最重要的是净空高度,预留给嵌入式衣柜的顶部一般都有横梁,那么衣柜的高度一般只有2400mm左右,这个尺寸与成品板材的长度相当,制作嵌入式衣柜比较省材料。

◎那有什么缺点呢?

☆嵌入式衣柜需要订做,木工的工资、物料等东西都不便宜。制作难度大,容易导致墙和衣柜产生缝隙,影响美观和适用,衣柜不能移动。

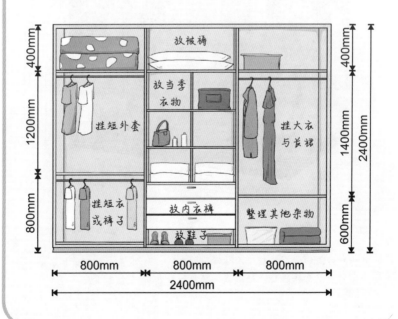

整体式衣柜设计范本

◎什么是整体式衣柜？

☆整体式衣柜又名定制衣柜、衣帽间等，我国整体衣柜的发展还处于初始阶段，随着生活水平不断提高，人们对装修的认识也上了一个层次。

◎整体式衣柜看起来很简单，就是几扇门把里面的柜子遮盖住了？

☆其实整体式衣柜学问挺多，主要分为两类，一类是有门的，一类是无门的。其中无门整体式衣柜能将花花绿绿的美衣全部尽收眼底，很适合年轻人的家居氛围，还可以就此为主体，围合成一个衣帽间。

◎整体式衣柜和嵌入式衣柜有什么区别？

☆最大区别就在于，整体式衣柜一般有2～3件衣柜组合在一起，形成一个围合或半围合空间，柜身可为多种分柜，可根据室内空间大小及个人喜好，挑选若干分柜进行自由组合，一些活动层板、抽屉数量也可适当增减。

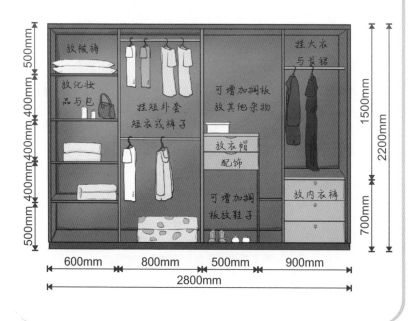

开发床的收纳功能

能装东西的床

◎床除了睡觉，还能装东西吗？

☆一直都有能收纳的床，只是很少被人注意而已，开发床的潜力收纳能力无穷无尽。

 翻版式收纳床

能开启的床垫主要依靠专用五金件，包括铰链和液压撑杆等。

床下空间虽然开阔，但是不宜放置潮湿或液体物品，否则很容易发霉。此外，要注意时常打开查看，避免物品被遗忘在里面。

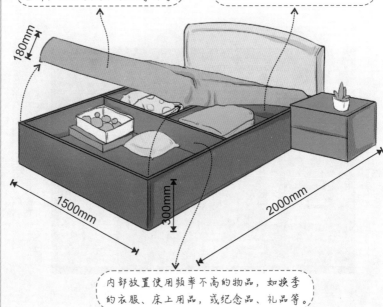

180mm

1500mm

300mm

2000mm

内部放置使用频率不高的物品，如换季的衣服、床上用品，或纪念品、礼品等。

② 榻榻米式收纳床

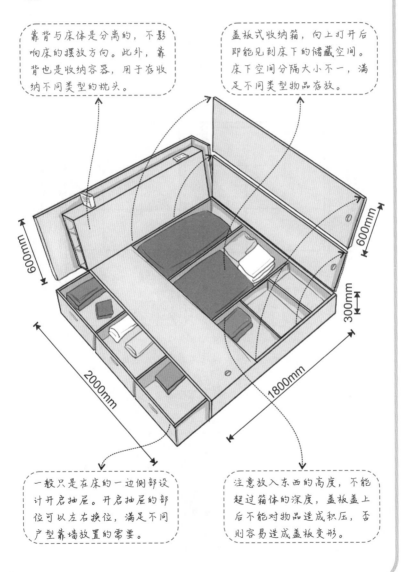

靠背与床体是分离的，不影响床的摆放方向。此外，靠背也是收纳容器，用于存收纳不同类型的枕头。

盖板式收纳箱，向上打开后即能见到床下的储藏空间。床下空间分隔大小不一，满足不同类型物品存放。

600mm

600mm

300mm

2000mm

1800mm

一般只是在床的一边侧部设计开启抽屉。开启抽屉的部位可以左右换位，满足不同户型靠墙放置的需要。

注意放入东西的高度，不能超过箱体的深度，盖板盖上后不能对物品造成积压，否则容易造成盖板变形。

梦寐以求的榻榻米

◎榻榻米有标准的参考范本吗?

☆当然有,标准的榻榻米是"四席半",即4张1000mm×2000mm的地席加上1张1000mm×1000mm的地席,全部占地面积是9m²。高度一般是400mm左右。

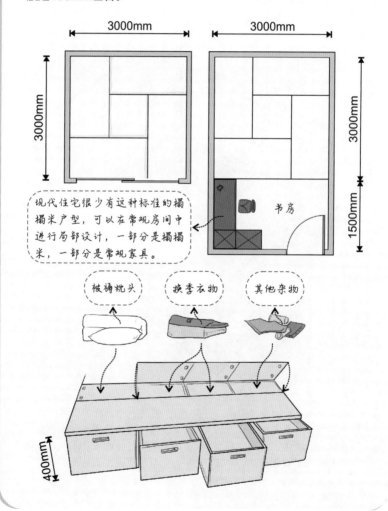

现代住宅很少有这种标准的榻榻米户型,可以在常规房间中进行局部设计,一部分是榻榻米,一部分是常规家具。

被褥枕头

换季衣物

其他杂物

看得见的床头柜

◎床头柜的收纳容量很小，好像起不到多大的作用。

☆床头柜虽然小，但是使用频率却很高，为了提高床头柜的使用效率，可以将床头柜打造成能看见的家具。

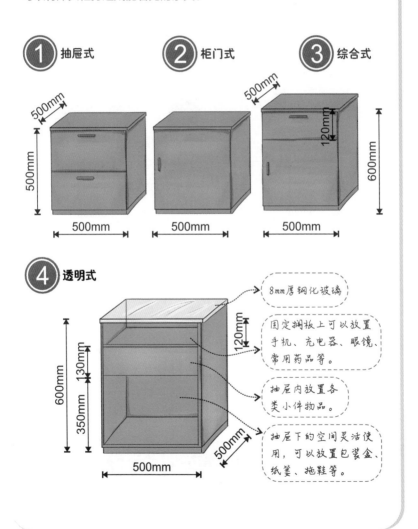

① 抽屉式

② 柜门式

③ 综合式

④ 透明式

8mm厚钢化玻璃

固定搁板上可以放置手机、充电器、眼镜、常用药品等。

抽屉内放置各类小件物品。

抽屉下的空间灵活使用，可以放置包装盒、纸篓、拖鞋等。

利用好外挑窗台

◎不知道是什么时候开始兴起的外挑窗台，都说不算建筑面积，觉得挺划得来的，后来才知道羊毛出在羊身上，得好好利用一下。

☆外挑窗台最初是为室外空调机预留安装空间而设计的，现在成了好多家庭的鸡肋，用也不是，不用也不是。其实能用的方式还是很多的。

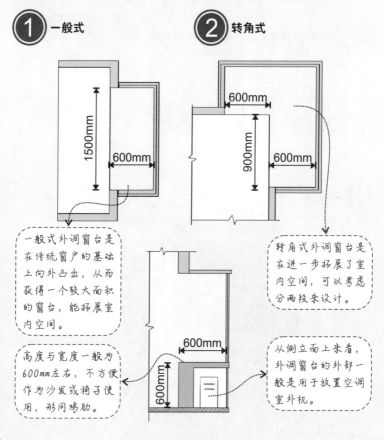

① 一般式

1500mm
600mm

一般式外调窗台是在传统窗户的基础上向外凸出，从而获得一个较大面积的窗台，能拓展室内空间。

高度与宽度一般为600mm左右，不方便作为沙发或椅子使用，形同鸡肋。

② 转角式

600mm
900mm
600mm

转角式外调窗台是在进一步拓展了室内空间，可以考虑分两段来设计。

600mm
600mm

从侧立面上来看，外调窗台的外部一般是用于放置空调室外机。

拆与不拆的纠结

◎既然外挑窗台的下部很碍事，能把它拆了吗？

☆理论上是可以的，但是有很多隐患。

 拆

 不拆

优点：彻底增加了室内占地面积，增加的空间可以任意发挥，储藏柜、梳妆台、榻榻米、床、沙发随意设计。

缺点：重新砌筑墙体、封闭窗户、制作防水层和保温层，空调机另选位置安装，需报物业公司审批，综合成本高。

优点：原汁原味，不破坏建筑结构，住起来心安理得。

缺点：好端端的收纳空间让给空调了。

重新砌筑墙体。

填补窗台缝隙。

制作防水层。

制作保温层。

高招改造外挑窗台的囤放空间

① 转角书桌

在外挑窗台上设计书桌，台面要比窗台宽200mm，人才可以正常坐下伏案读写。

② 转角榻榻米

在窗台上制作收纳柜。

在窗台侧面制作收纳柜。

在窗台下增加榻榻米式台柜，宽度不低于600mm，可以设计成转角造型。

600mm

③ 小息书柜

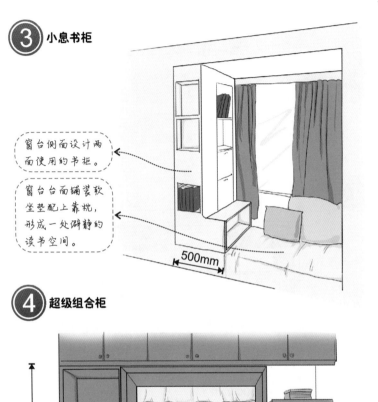

窗台侧面设计两面使用的书柜。

窗台台面铺装软坐垫配上靠枕，形成一处僻静的读书空间。

500mm

④ 超级组合柜

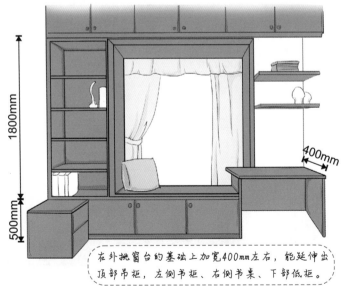

1800mm

500mm

400mm

在外挑窗台的基础上加宽400mm左右，能延伸出顶部吊柜、左侧书柜、右侧书桌、下部低柜。

奢华的衣帽间

挤出来的衣帽间

◎衣帽间可以放很多东西，是最豪的收纳空间。

☆但不是所有户型都有衣帽间，如果房间有富余的，可以在卧室相邻的
房间开辟出一部分来当衣帽间，也可以在卧室内寻求拓展空间。

① 向房间挤

② 向走道挤

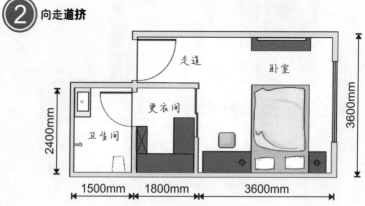

衣帽间的使用规律

◎ 既然衣帽间被称为房间，那么也有布局方法吧?

☆ 要形成一个包围或半包围才有房间的感觉。

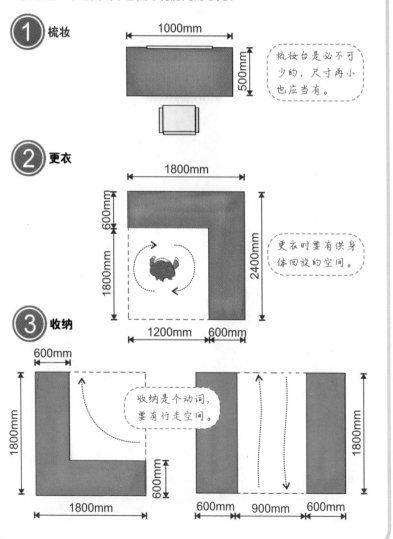

① 梳妆

1000mm
500mm

梳妆台是必不可少的，尺寸再小也应当有。

② 更衣

1800mm
600mm
1800mm
2400mm
1200mm 600mm

更衣时要有供身体回旋的空间。

③ 收纳

600mm
1800mm
1800mm
600mm

收纳是个动词，要有行走空间。

1800mm
600mm 900mm 600mm

通道型衣帽间

◎在通道设计衣帽间会干扰通行吗？

☆用于设计衣帽间的通道一般都是通行频率较低的空间，如通向阳台、卫生间、书房等。

◎通道型衣帽间的通道应当设计多宽？

☆如果周边没有其他干扰，通道宽度一般可以设计为900mm。

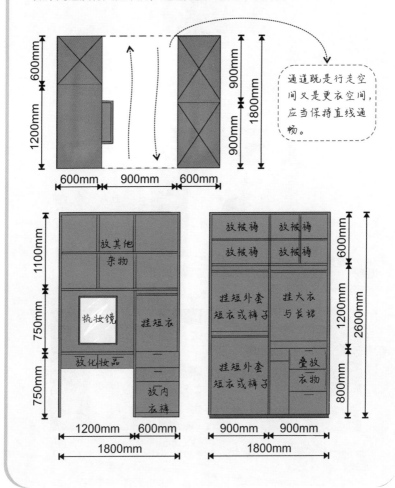

通道既是行走空间又是更衣空间，应当保持直线通畅。

独立型衣帽间

◎独立型衣帽间具有很强的私密性，应当怎样设计？

☆独立型衣帽间不仅整体空间独立，里面的收纳家具也能各自独立设计，彼此间巧妙组合。

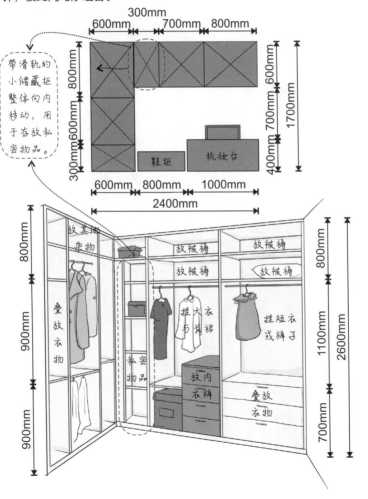

控制板材的用量

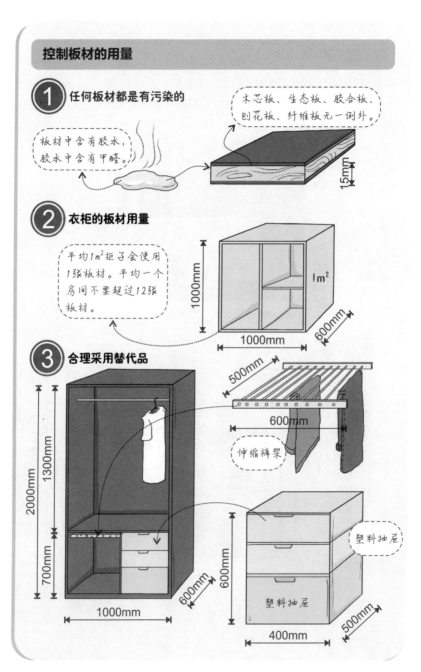

1 任何板材都是有污染的

木芯板、生态板、胶合板、刨花板、纤维板无一例外。

板材中含有胶水，胶水中含有甲醛。

15mm

2 衣柜的板材用量

平均1m²柜子会使用1张板材。平均一个房间不要超过12张板材。

1m²

1000mm

1000mm

600mm

3 合理采用替代品

500mm

600mm

伸缩裤架

2000mm

1300mm

700mm

1000mm

600mm

塑料抽屉

600mm

塑料抽屉

400mm

500mm

卧室的收纳智慧
无穷无尽！

Chapter

7

多功能
书房囤物

精致的书房布局
曾经买过的书
理想中的书柜
书桌周边的收纳锦囊
书房也能当卧室

精致的书房布局

◎每个家庭的藏书量都不同，怎么能统一设计书柜？

☆书柜不仅用于收纳图书，作为一种家具，它能收纳很多东西。

 书柜需要多少才够？

不知道什么时候买了数不清的图书，书柜永远都不够。

2 书柜深度小不能放其他东西

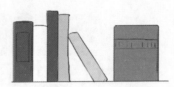

书柜的深度只有300mm，偶尔希望放些大开本的书或是其他物品，就放不下了。

3 琐碎物品不好找

抽屉、柜子没少做，但一旦找起东西来还是很不方便。

收到的效果

 常用与不常用的分类

常用的图书放在书柜中上部，设计玻璃柜门。不常用的图书放在书柜下部，设计普通板门。

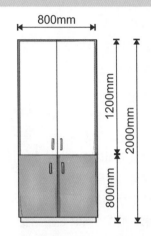

800mm

1200mm

2000mm

800mm

② 深浅通吃的书柜

常用的图书放在书柜中上部，设计玻璃柜门。不常用的图书放在书柜下部，设计普通板门。

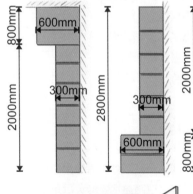

800mm

600mm

300mm

2000mm

2800mm

300mm

600mm

2000mm

800mm

③ 玻璃柜门

书柜设计玻璃柜门能防止灰尘，可轻松查阅柜内图书。

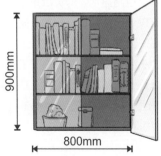

900mm

800mm

百搭的书房布局

◎书房不就是写字桌、椅子、书柜三大件吗?

☆一间房只用于读书写字未免太浪费,作为一个独立的房间应当具有超强的收纳能力。

一字形布置

书桌靠着书房内任何一面墙都能够节省空间,非常适合面积很小的住宅空间,甚至可以将卧室或客厅隔出半间来做书房。书柜的储藏空间不大,但是可以利用书桌墙面上的隔板。当然了,长期不用的图书还是要避免暴露在外部,防止积聚灰尘。

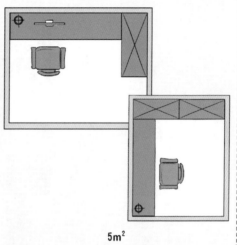

5m²

L形布置

转角书桌可以大幅度增加工作空间,一般适合单人使用的专一书房。电脑显示器的背后是墙角,可以设计成隔板,放置一些装饰品,否则长期面对墙角,工作时会感到窘迫。转角台面的下方可以设计成倾斜抽拉的键盘抽屉,前提是不要影响到其他抽屉、柜门的开启。

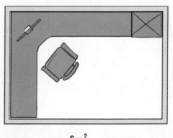

6m²

对角型布置

书房的面积不大，但是又想让空间变得开阔些，可以将家具都靠边角摆放。此外，还可以将直角家具转化成圆角形，以柔化空间。对角型布置手法适合休闲书房，强调文化与娱乐为一体的生活情调。每件家具的功能并不要求齐全，随意、放松是室内装饰的主题。

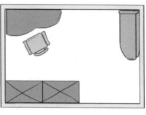

8m²

T形布置

在贴墙布置的书柜中央突出一张书桌，将书房分隔为两部分。一边为工作区，一边为会谈区。书桌可以选用折叠产品，不用时就靠墙收起来，腾出空间增添卧具，将书房改成卧室，扩展了使用功能。书柜的下半部不宜采用玻璃柜门，避免挪动书桌时，破坏藏书。

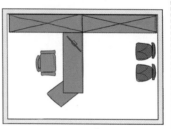

10m²

想想吧

1.一体化的书房：所有的家具都是靠墙设立。这种布局的好处就是比较整齐，而且给书房留下了足够的空间，机动性比较的大，可以根据需要设置其他的家具摆设。

2.专一的书房功能：书橱等家具靠墙设立，书桌位于房屋的中间，在书橱的前面，让书房看起来更专业，功能性更突出。

3.家具特色：打造的家具或许看起来并没有购买的成品家具高档，但是打造的家具一是在造型上更加具有特色，二是在颜色上选择的余地更多，这种方式更能够符合书房的整体结构。

岛形布置

以书柜为背景墙，书桌放在房间中央，四周环绕过道，最好能设计成地台，给人居高临下的感觉。书柜和书桌的装饰造型要精制、大气、庄重，使用功能全面，一张宽大的书桌能解决所有的学习、工作。桌面上的显示器要倾斜摆放，不要妨碍与客人之间的交流。

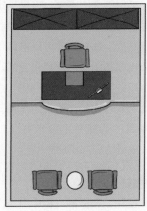

15m²

会客型布置

对于长期在家办公的人来说，这种布局最适宜不过了。除了岛型书房的功能、形式以外，还增加了会客用的转角沙发，能使主宾之间更好地交流。这种布局需要较大的面积，如果实在无法布置，可以将卧室或客厅与书房对调，将住宅功能的中心转成办公。

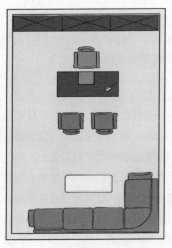

25m²

标准书桌的功能很其全，能容纳电脑机箱、键盘和多个抽屉，并且有宽大的操作台面。书桌一般靠墙布置，甚至固定在墙面上。

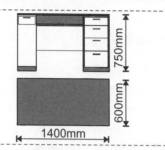

书柜的设计要对称、平稳。过于丰富的形态会干扰书房的工作气氛。中间0.8m的高度上可以设计浅薄的抽屉，增添书柜的使用功能。

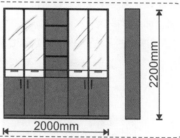

书桌柜一般用于学生书房或卧室，功能齐全且不占用空间，任意拼装组合在房间的边角处都可以，成品家具能根据实际尺寸来定做。

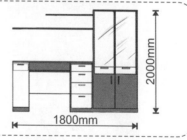

座椅的靠背要完全支撑起背部的重量，因此座椅的总高不宜低于0.85m。中间的转轴虽然能自由升降，但是要注意维护、保养。

曾经买过的书

◎为什么书越来越多？

☆你很爱读书吗？

◎当然爱读书，不让怎么会有那么多书。

☆不对，爱读书的人家里都是不囤书的，只上书店、图书馆去蹭书看。

◎还是给又舍得花钱又爱读书的我想个办法把书都收纳起来吧。

☆嗯，你买过多少书？

◎1500册左右，估计一共得预留2000册的空间。

☆平均1册按15mm厚度计算，需要书柜隔板长度为30m。

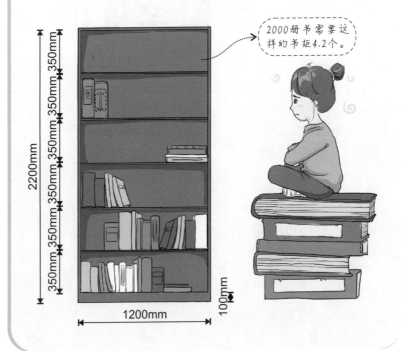

2000册书需要这样的书柜4.2个。

书的收纳尺寸

◎读了这么多年的书，还真不清楚书的大小有哪几种，难怪觉得有的书柜装不下，有的书柜却很空。

☆书的规格种类并不少，但常见的还是可以罗列出来。书柜的设计要与常见书的规格相当，同时书的收纳方法还要根据书柜尺寸来确定。

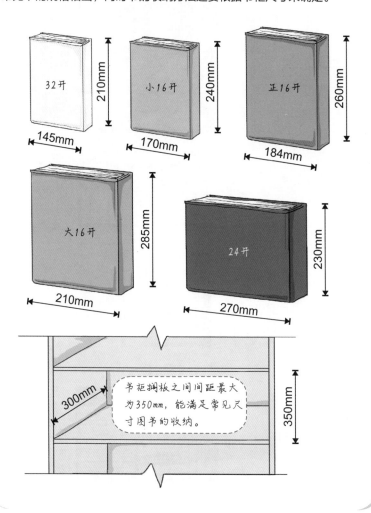

书柜搁板之间间距最大为350mm，能满足常见尺寸图书的收纳。

书的收纳技巧

◎书该怎么放才合适?

☆首先要分类,根据阅读频率先上下分类,再左右分类,大书与小书分开,接着可以前后分类,甚至可以平放。

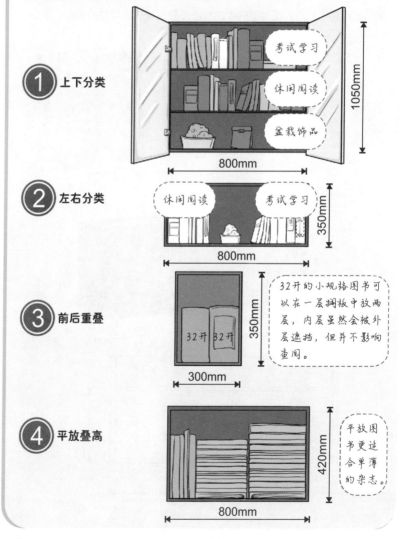

① 上下分类

考试学习
休闲阅读
盆栽饰品

1050mm
800mm

② 左右分类

休闲阅读　考试学习

350mm
800mm

③ 前后重叠

32开　32开

350mm
300mm

32开的小规格图书可以在一层搁板中放两层,内层虽然会被外层遮挡,但并不影响查阅。

④ 平放叠高

420mm
800mm

平放图书更适合单薄的杂志。

正确选用书柜层板材料

◎书柜对板材的材料还有要求？

☆当然，书的密度比木材大，一不留神书柜层板就会断，下面就列出各种板材用于书柜层板的最大尺寸。

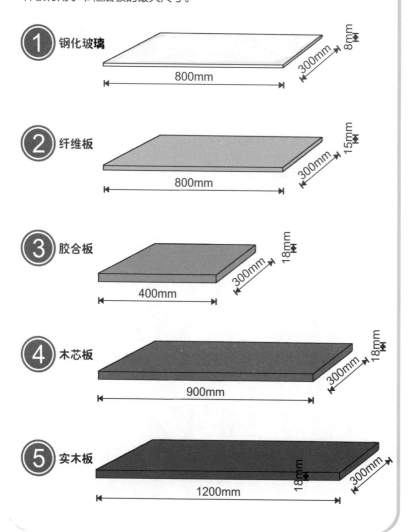

① 钢化玻璃 — 800mm × 300mm × 8mm

② 纤维板 — 800mm × 300mm × 15mm

③ 胶合板 — 400mm × 300mm × 18mm

④ 木芯板 — 900mm × 300mm × 18mm

⑤ 实木板 — 1200mm × 300mm × 18mm

理想中的书柜

◎阶梯型书柜应该不只是好看吧？还有什么其他作用？

☆阶梯造型主要是为了能更快捷地查找藏书，在收纳时能快速辨清图书等物品的所在位置。在阶梯书柜中，高度较大的柜体中一般放置普通图书，高度较小的柜体中一般放置重要图书。无柜门的搁板可以放置杂志或工艺品。

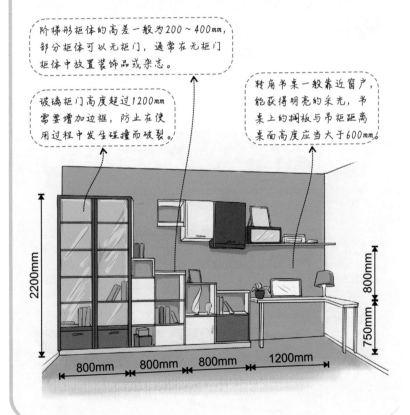

阶梯形柜体的高差一般为200~400mm，部分柜体可以无柜门，通常在无柜门柜体中放置装饰品或杂志。

玻璃柜门高度超过1200mm需要增加边框，防止在使用过程中发生碰撞而破裂。

转角书桌一般靠近窗户，能获得明亮的采光，书桌上的搁板与吊柜距离桌面高度应当大于600mm。

2200mm

800mm

750mm

800mm　800mm　800mm　1200mm

208

转角拓展桌面功能王

◎我希望进一步增加书柜的容量该怎么办？

☆在书柜整体体积不增加的情况下，可以增加封闭式开门的面积，收纳在柜门后的图书可以纵横交替放置，最大化利用书柜空间。减少玻璃门和无门柜的面积，就等于是将书柜由装饰型家具转变成储藏型家具了。

◎我不确定我会坐在转角书桌的什么位置，应该怎样设计转角书桌？

☆那就干脆不设计，将书桌下部全部留空。如果需要抽屉等收纳空间，可以单独购买成品家具，根据需要摆放。

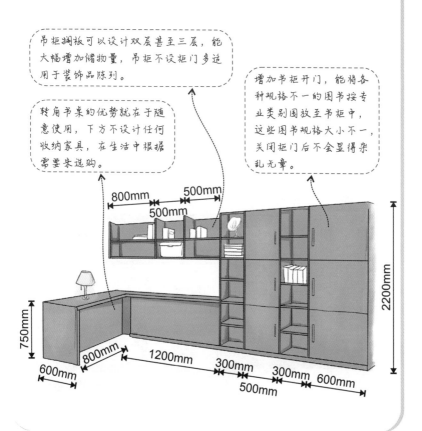

吊柜搁板可以设计双层甚至三层，能大幅增加储物量，吊柜不设柜门多选用于装饰品陈列。

转角书桌的优势就在于随意使用，下方不设计任何收纳家具，在生活中根据需要来选购。

增加书柜开门，能将各种规格不一的图书按专业类别摆放至书柜中，这些图书规格大小不一，关闭柜门后不会显得杂乱无章。

书桌居中的穿插收纳柜

◎如果没有太多书，书柜就要设计成很小的形态吗？

☆高度上可以降低，但还是以整面墙的宽度为准，把整面墙占满，否则墙面多余的宽度空间会造成浪费。

◎没有太多书，除了书桌还能放些什么吗？

☆对于藏书较少的书房，可以将书柜转换成装饰柜，减少开门数量和面积，适度增加抽屉，将书柜的收纳多功能化。

◎总觉得吊柜不太结实，放上书以后会不会脱落倒塌？

☆吊柜要根据墙体构造来设计，不是所有墙体都能承载吊柜。吊柜最好固定在具有承重能力的混凝土剪力墙上，如果是厚度100mm左右轻质砌块隔墙也行，但是这种墙的承载重量一般为50kg/m²，如果是轻钢龙骨石膏板隔墙，就不能采取这种吊柜的形式了。

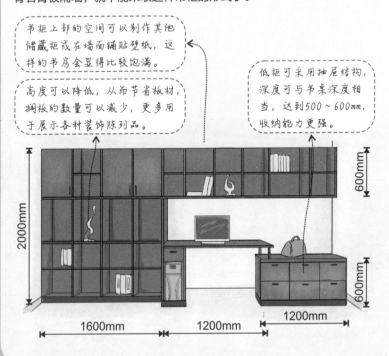

书柜上部的空间可以制作其他储藏柜或在墙面铺贴壁纸，这样的书房会显得比较饱满。

高度可以降低，从而节省板材，搁板的数量可以减少，更多用于展示各种装饰陈列品。

低柜可采用抽屉结构，深度可与书桌深度相当，达到500～600mm，收纳能力更强。

2000mm

600mm

600mm

1600mm

1200mm

1200mm

T形组合体

◎书房的墙面宽度有限，怎么将书桌容纳进去？

☆T形组合是一种不错的形式。将书桌从书柜中突显出来，不仅可以强化书桌与书柜之间的联系，还可以将书房划分为内外两部分。

◎墙面宽度有限，那怎样增加书柜的收纳容积呢？

☆可以向上部拓展空间。

◎书放得太高不方便取用。

☆图书也有分类的，常用书一般放置在书柜中央，不常用且具有收藏价值的图书可以放在上部，这类书一般比较厚，书脊具有一定的装饰效果，成套摆放，更显书香文化气息。

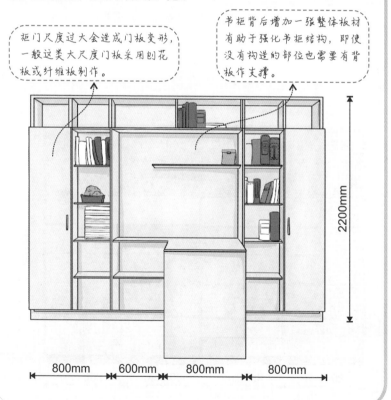

柜门尺度过大会造成门板变形，一般这类大尺度门板采用刨花板或纤维板制作。

书柜背后增加一张整体板材有助于强化书柜结构，即使没有构造的部位也需要有背板作支撑。

2200mm

800mm   600mm   800mm   800mm

庄重而不严肃的满墙柜

◎整面墙都做书柜会不会显得很严肃，严肃得让人不敢进书房？

☆对柜体进行多元素设计，玻璃门、板门、抽屉、搁板等都是不同的设计元素，既能满足更多收纳需求，还能丰富书柜的形式感。

◎满墙柜的高度要到顶吗？

☆如果是定制的集成家具应当在柜体高处与顶面保持150～200mm间距，让纤维板或刨花板与墙体保持间距有助于缩胀物理效应。如果是现场制作的木芯板家具，可以直接设计到顶面，这类板材的缩胀性较小。

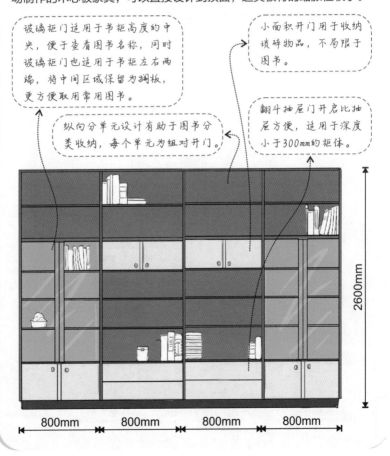

玻璃柜门适用于书柜高度的中央，便于查看图书名称，同时玻璃柜门也适用于书柜左右两端，将中间区域保留为搁板，更方便取用常用图书。

小面积开门用于收纳琐碎物品，不局限于图书。

纵向分单元设计有助于图书分类收纳，每个单元为组对开门。

翻斗抽屉门开启比抽屉方便，适用于深度小于300mm的柜体。

2600mm

800mm　800mm　800mm　800mm

精致的错层古风书柜

◎能在书柜上营造出一些风格吗？

☆当然可以，风格形式变化多样，任由选择。

◎怎样让书柜变化出更多形式？

☆可以从柜门上来思考，柜门的开启方式除了传统的平开式，还有推拉式和抽斗式。

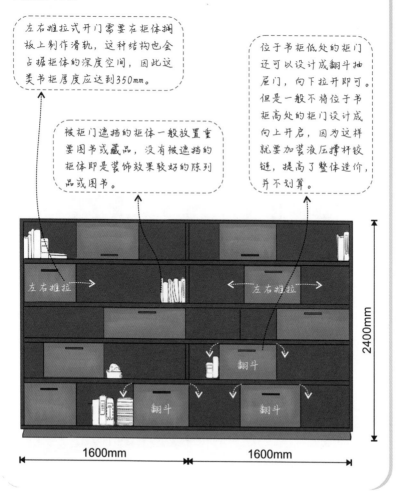

左右推拉式开门需要在柜体搁板上制作滑轨，这种结构也会占据柜体的深度空间，因此这类书柜厚度应达到350mm。

位于书柜低处的柜门还可以设计成翻斗抽屉门，向下拉开即可。但是一般不将位于书柜高处的柜门设计成向上开启，因为这样就要加装液压撑杆铰链，提高了整体造价，并不划算。

被柜门遮挡的柜体一般放置重要图书或藏品，没有被遮挡的柜体即是装饰效果较好的陈列品或图书。

左右推拉

左右推拉

翻斗

翻斗

翻斗

2400mm

1600mm

1600mm

书桌周边的收纳锦囊

书桌是琐碎物品的大本营

◎书桌总是会被许多零零碎碎的物品所包围，不知不觉空间占满了，忙到焦头烂额也无法把它们整理好，是空间有限？还是"藏"功不够？

☆重新挖掘那些被遗忘的角落，再好好利用手里的收纳工具，彻底扫清身边的障碍。

◎书桌的抽屉是收纳重点，东西太多了，根本就不好找。

☆零碎物品既要放在手边随时能取用，又要显得干净整洁，看上去这是一对"矛盾"的要求，要解决这个问题不能只依赖抽屉，而是要更多地关注抽屉周边的收纳空间。

书桌可以用来承载书写工作，书桌边角却经常被我们遗忘，所以对书桌边角的巧妙安排便显得尤为重要。合理的功能划分，可以为书桌真正的"减压"，因此让我们来对书桌边角进行细细的分解，看看它是如何来实现各种储备需要的。

重新划分抽屉空间

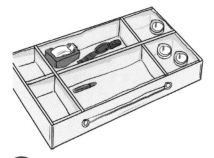

书桌通常不会有很多抽屉，有的甚至只有一个大抽屉，放在里面的东西很容易会被翻乱。至少要在抽屉里准备 1~2 个带有提手的收纳盘，这样在需要时，就可以轻松地把东西都拿出来，同时还要注意收纳盘中物品的归类存放。

② **不锈钢管挂起文件**

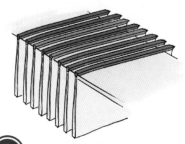

案头工作离不开各类文件，薄薄的文件虽然不大，依然会对桌面空间造成威胁。可以在两个吊柜之间架上一对平行不锈钢管，把文件像衣服一样高高地晾起来，并在每个文件夹边上标明文件的内容，以方便查找。需要注意的是，文件架的距离要根据文件夹的尺寸来设定。

③ **金属小件的拓展运用**

金属面板正好能充当留言板的功能，小纸片也可以用磁铁固定在上面，而经常会被悬挂在玄关的金属架，也可以挂在书桌旁，用来放置信件和钥匙。利用装饰墙面 承载更多零碎墙面。

软包墙面变留言板

用布料软包的墙面，不但具有很强的装饰性，还可以利用绷扣间的装饰线固定便条或者相片，使它成为超大的留言板。这种软包的墙面特别适合有小孩的家庭使用，它能防止孩子意外磕碰。

 **桌面增设小柜子收纳**

大书柜固然容量大，但并非什么都适合装，一些小东西放在里面很容易就会被埋没，而且还会浪费很多空间。用来存放小东西的柜子还可以省去柜门，只需要用瓶子或盒子把东西盛起来再放进去即可。

挂上墙的金属孔板

多孔的金属板不但能将物品挂在上面，还能将具有磁性的物品吸附在上面，真正做到一物多用，而且金属板结实耐用，还不会轻易损坏。

重新划分抽屉空间

各类小盒子也是将物品有效分类的功臣，不过并不能将它们作为收纳的主要工具。可以将它们作为临时分类处，待积攒到一定程度后，再另辟别处存放。

⑧ 多功能收纳包的运用

将经常用的笔做个简单的分类，随意放进笔筒中，并不是最方便的办法，只有合理的归类，才能摆脱杂乱困扰。旋转式的笔筒，能将不同用途的笔巧妙分类的同时也便于随时查找。

⑨ 超级无敌旋转笔筒

带有多个口袋的收纳包不仅能容下许多东西，还能让经常丢弃在书桌上的常用物品各归其位，不用再为找不到手边急需用品而大伤脑筋，它更适合存放用途一致的物品。

书房也能当卧室

温馨的榻榻米床

◎大家都说榻榻米的收纳容量超级大，而且是现代小面积书房的标配。

☆比较方正的书房可以全部设计榻榻米，矩形书房可以用一半面积做榻榻米。

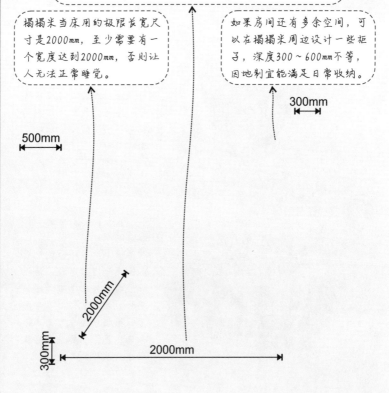

榻榻米高度不宜超过500mm，虽然内部的收纳空间变大了，但是上下会感到不方便，甚至会感到危险。

榻榻米当床用的极限长宽尺寸是2000mm，至少需要有一个宽度达到2000mm，否则让人无法正常睡觉。

如果房间还有多余空间，可以在榻榻米周边设计一些柜子，深度300～600mm不等，因地制宜能满足日常收纳。

300mm

500mm

2000mm

300mm

2000mm

翻斗神器

◎翻斗床总觉得不结实，对五金件的要求很高么。

☆是的，翻斗床适用于临时使用，需要搭配高品质五金件。

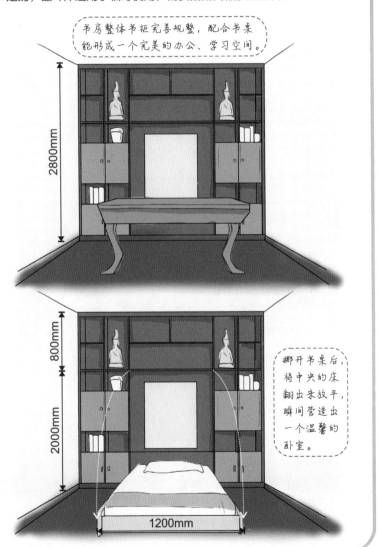

书房整体书柜完善规整，配合书桌能形成一个完美的办公、学习空间。

挪开书桌后，将中央的床翻出来放平，瞬间营造出一个温馨的卧室。

拓展上下空间

◎类似学校寝室的高床低柜可以用到书房吗？

☆当然，上下分离的布置能收纳更多东西。

◎睡在高处安全吗？

☆这样的布置只适合乖巧的孩子，如果条件允许，还是作为临时睡眠使用吧，比较适合午休。

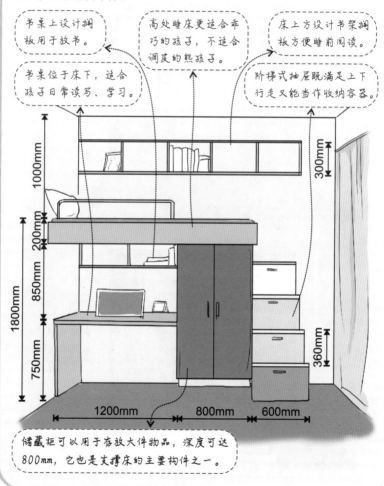

书桌上设计搁板用于放书。

高处睡床更适合乖巧的孩子，不适合调皮的熊孩子。

床上方设计书架搁板方便睡前阅读。

书桌位于床下，适合孩子日常读写、学习。

阶梯式抽屉既满足上下行走又能当作收纳容器。

储藏柜可以用于存放大件物品，深度可达800mm，它也是支撑床的主要构件之一。

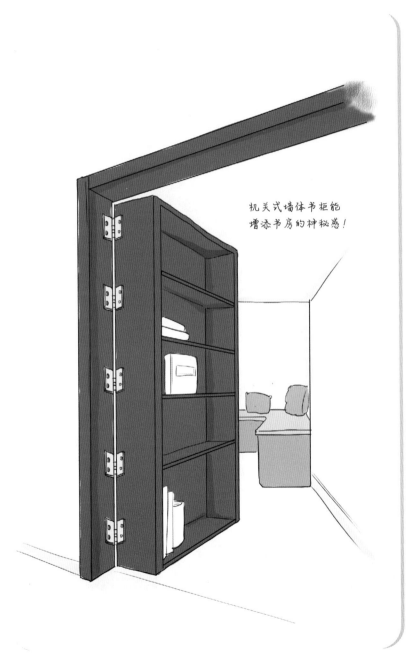

机关式墙体书柜能
增添书房的神秘感！

Chapter

8

卫生间也是万能的

卫生间的王牌布局

昂贵的卫生间

◎卫生间面积小，装修价格最高，而且潮湿为主，能收纳东西吗？

☆潮湿的空间能收纳潮湿的东西，潮湿的空间也能找到干燥的地方。

◎昂贵而狭小的卫生间怎样用于收纳？

☆巧妙的布局会让你茅塞顿开。

1 沐浴

2 漱口

6 化妆

3 洗脸

4 洗衣

5 入厕

遇到的问题与困难

◎卫生间面积都很小，能放下的东西屈指可数吧？

☆面积小不代表收纳的东西少，卫生间的物品大多都是小件。

◎嗯，怎样对小件物品快速分类，方便取用？

☆首先从布局上就要有所区分。

 物品多体积小不好找

打开柜门，发现很多小东西不好找，耽误时间，翻来覆去更加凌乱。

② **容易受潮**

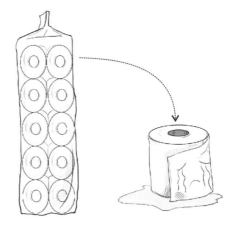

带包装的卫生纸，一旦打开包装就很容易受潮，无法正常使用。

干湿分区

淋浴区与盥洗区分开，能将卫生间物品集中放在盥洗区。

淋浴区

盥洗区

② **分类收纳**

将干燥的东西放在上层，常用的放在中、下层。

800mm

600mm

③ **透风透气**

在无窗或小窗的卫生间安装排风扇

300mm

300mm

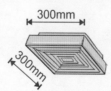

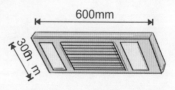

600mm

300mm

王牌布局

集中型布置

　　将卫生间内各种功能集中在一起，一般适合面积较小的卫生间。如洗脸盆、浴缸、淋浴房、坐／蹲便器等分别贴墙放置，保留适当的空间用于开门、通行。这种卫生间的面积至少需要4平方米，卫生间的门可以向外开，避免内部空间过于局促。

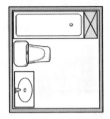

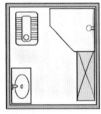

4m²

前室型布置

　　将卫生间分为干、湿两区。外部靠着卫生间门，为盥洗区，中间使用玻璃梭拉门分隔；内部为淋浴间，关闭梭拉门后，内外完全分离，相互不会干扰。如果喜欢浴缸的话，还可以根据空间特征增加储藏柜，用来放置沐浴用品。这种型制非常普遍，一般用于面积较大的卫生间，主要洁具靠着同一面墙布局，保证有宽裕的流通空间。

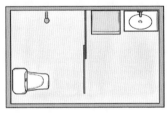

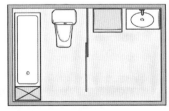

6m²

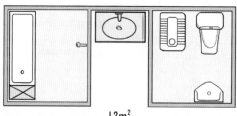

$12m^2$

简约分设型布置

　　将卫生间中的各主体功能单独设置，分间隔开，如洗脸盆、坐／蹲便器、浴缸、储藏柜分别归类设在不同的单独空间里，减少彼此之间的干扰。分设型卫生间在使用时分工明确、效率高，但是所占据的空间较多，对房型也有特殊要求。

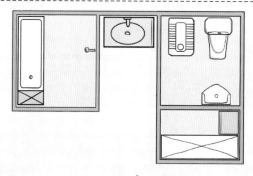

$15m^2$

拓展分设型布置

　　拓展分设型卫生间面积比较大，一般适合别墅住宅，干区是洗手间，中区是洗衣间和便溺间，湿区是领域间，分区设计要比开放设计经济，可以满足家庭多个成员同时使用。分设型卫生间开门较多，可以集中面向一个方位开设，梭拉门和折扇门都是不错的选择。

卫生间四大件尺寸

悬挑式洗脸台盆比较流行，下部是对开门储藏柜，距离地面150mm可以保证不受潮湿影响。镜前灯的高度不要超过2000mm，否则光照度不佳。

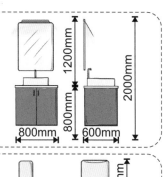

坐便器逐渐进入现代生活中，被更多的人接受了，它的节水性能优异，使用起来卫生方便。选购时要注意宽度不要低于800mm。

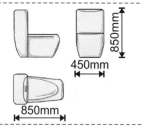

淋浴房边长不低于900mm，否则会感到手脚施展不开。最好选购带底盘的淋浴房，防止污水沾染卫生间瓷砖的边角，日后不易清理。

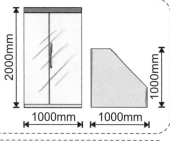

浴缸比较占面积，在节水方面不及淋浴，但是用起来很舒服，浴缸的长度一般不超过1500mm长，否则普通卫生间的宽度很难达到。

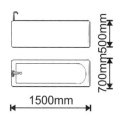

干湿分区的优势

◎什么时候卫生间开始干湿分区的？

☆这是现代生活方式逐步发展的一种表现。

◎可以理解成是卫生间扩大了吗？

☆不，是收纳空间集中了，以往只能放到卧室的东西，现在可以归纳到卫生间了。

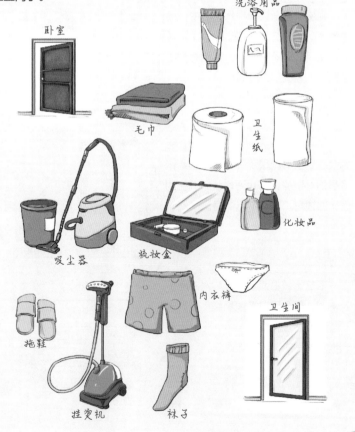

卧室

洗浴用品

毛巾

卫生纸

吸尘器　　梳妆盒

化妆品

内衣裤

拖鞋

卫生间

挂烫机　　袜子

干湿区的平面划分

◎卫生间分区有固定模式吗？

☆远离卫生间开门且靠内的区域一般为湿区，应避免水流到门外，而靠近开门的部位是干区，应保持干燥方便出入。

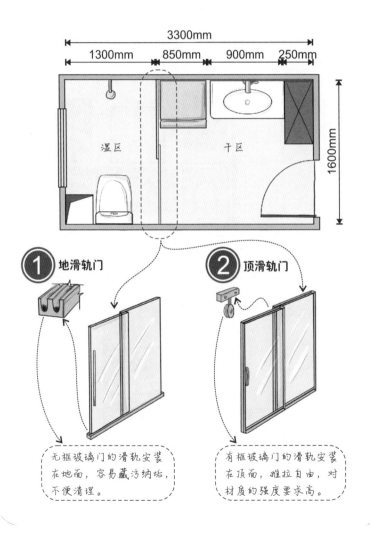

①地滑轨门

无框玻璃门的滑轨安装在地面，容易藏污纳垢，不便清理。

②顶滑轨门

有框玻璃门的滑轨安装在顶面，推拉自由，对材质的强度要求高。

干湿区的立面划分

◎在湿区内不能再收纳物品了吗?

☆不一定,在湿区相对干燥的位置在靠近顶部的墙面上。

◎那么干区就能放很多东西吗?

☆也不一定,干区的收纳家具最好都不要落地,以悬挂结构为主。

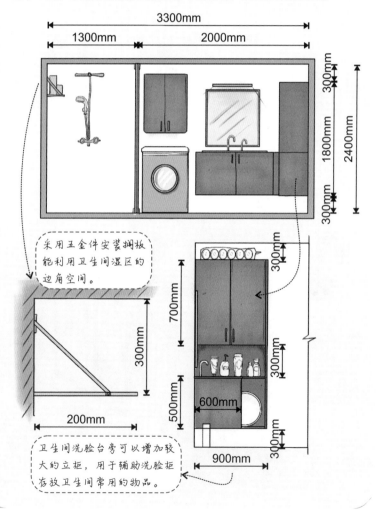

采用五金件安装搁板能利用卫生间湿区的边角空间。

卫生间洗脸台旁可以增加较大的立柜,用于辅助洗脸柜存放卫生间常用的物品。

卫生间特色收纳器具

◎卫生间放的东西不就是洗脸台柜和各种墙面挂架吗？

☆人的智慧是无穷无尽的。

 **伸缩晾衣杆**

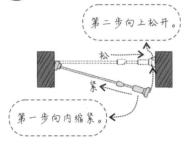

第二步向上松开。

松

紧

第一步向内缩紧。

第三步晾晒衣物。

② 水箱柜

能将坐便器水箱罩住的水箱柜，能存放很多东西。

③ 门窗搁板

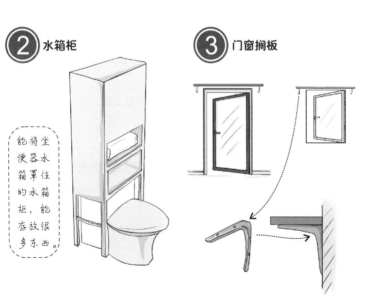

洗脸柜的精妙设计

台盆选择

◎洗脸柜哪种台盆最好？

☆习惯上来看还是台下盆比较好，但是从外形上看台中盆比较美观。

◎台下盆会占用储物空间吗？

☆对储物空间的影响其实可以忽略。

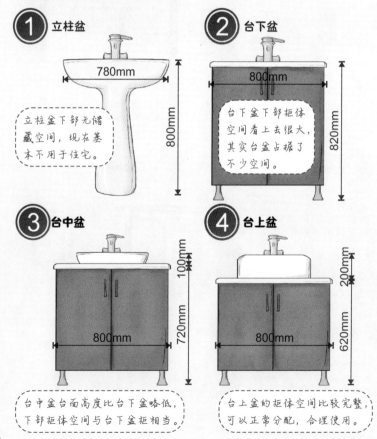

① 立柱盆

780mm

800mm

立柱盆下部无储藏空间，现在基本不用于住宅。

② 台下盆

800mm

820mm

台下盆下部柜体空间看上去很大，其实台盆占据了不少空间。

③ 台中盆

100mm

800mm

720mm

台中盆台面高度比台下盆略低，下部柜体空间与台下盆柜相当。

④ 台上盆

200mm

800mm

620mm

台上盆的柜体空间比较完整，可以正常分配，合理使用。

最佳台盆之选

◎为什么现在流行台中盆？

☆上部能有效区分台盆与台面，下部柜内盆体所占用的空间也不大。

◎台下盆不是能更好地将水擦入盆中吗？

☆台面的物品也更容易滑落入盆中。

◎台上盆不是能更好地摆放物品吗？

☆台面与盆体檐口的高差太大，取用台面物品不方便。

◎原来如此。

☆更重要的是台中盆的支撑结构最牢固，位于台面高度中央，与台面的结合很牢固，盛满水后重心很稳。

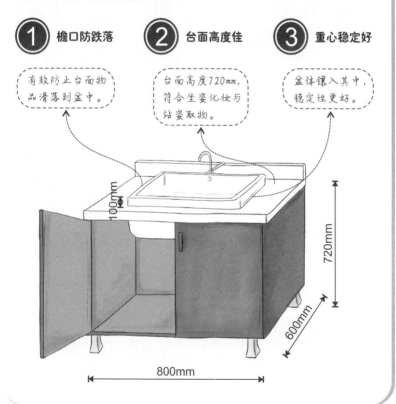

1 檐口防跌落　　**2** 台面高度佳　　**3** 重心稳定好

有效防止台面物品滑落到盆中。

台面高度720mm，符合坐姿化妆与站姿取物。

盆体镶入其中，稳定性更好。

100mm

720mm

600mm

800mm

给力的灯光组合柜

◎化妆、卸妆都会用到水，现在一般都在卫生间的洗脸柜上完成这些，总觉得照明不充分，比不上卧室中的梳妆台。

☆那就把梳妆台给搬过来，再加上专业化妆间的灯光，绝对够用。

① 卧室梳妆台

> 卧室梳妆台只看得清上额，容易忽略下脸。

② 化妆间梳妆台

> 专业化妆间灯光很齐备，但是也很刺眼，不适合居家日常生活妆。

③ 完美组合

> 镜子的边长略大与背后的柜体，各边大出约50mm即可，可以在柜体周边安装T5灯管。

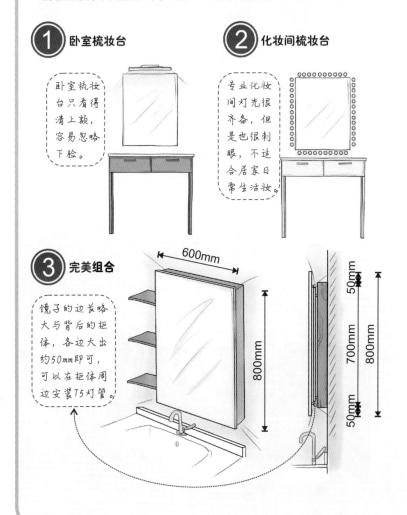

玻璃镜后的储物空间

◎卫生间墙面光秃秃的，感觉好浪费。

☆洗脸柜上的玻璃镜后面就是很好的储物空间。

◎需要拆墙么。

☆拆与不拆都可以。

> 玻璃镜厚5mm，不能单独用作柜门，必须挂接在18mm板材上，板材上才能安装合页与柜体连接。这样从表面就看不到合页的存在了，很干净。

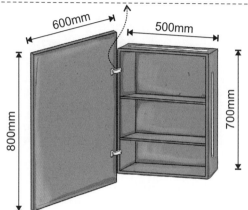

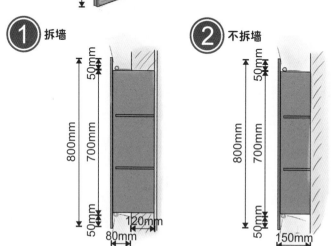

① 拆墙

② 不拆墙

洗脸台柜下能装抽屉

◎卫生间的洗脸柜总觉得装不了什么东西，而且还容易漏水。

☆先把漏水的问题解决了，再装上抽屉就神奇了。

① 解决漏水

漏水的部位集中在转角处，打破传统习惯性思维，弃用玻璃胶，该用免钉胶补漏，效果更好。

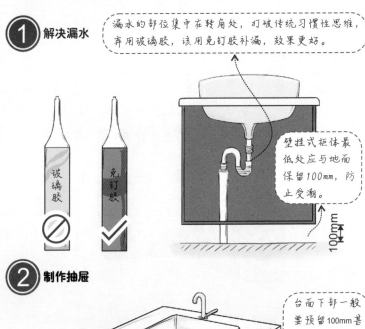

壁挂式柜体最低处应与地面保留100mm，防止受潮。

② 制作抽屉

台面下部一般要预留100mm甚至更多，制作封板遮挡台盆的下部结构。

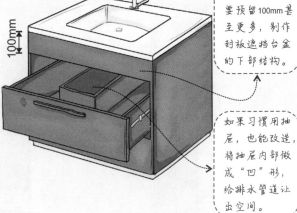

如果习惯用抽屉，也能改造，将抽屉内部做成"凹"形，给排水管道让出空间。

238

永不发霉的美缝剂

◎卫生间的洗脸柜周边的玻璃胶容易发黑，很难看，更换了多次都无济于事。

☆有两种解决方法，一是用美缝剂，二是用黑色玻璃胶。

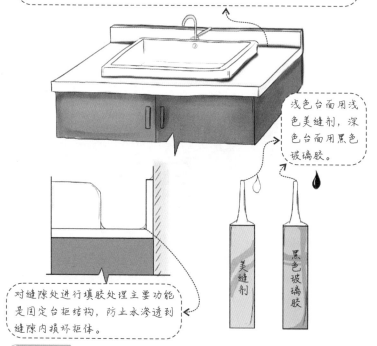

传统填缝剂与白色、透明玻璃胶容易滋生霉菌，时间久了很难看。

浅色台面用浅色美缝剂，深色台面用黑色玻璃胶。

对缝隙处进行填胶处理主要功能是固定台柜结构，防止水渗透到缝隙内损坏柜体。

美缝剂

黑色玻璃胶

想想吧

　　美缝剂是勾缝剂的升级产品，美缝剂的装饰性实用性明显优于彩色填缝剂。解决了瓷砖美缝不美观和脏黑问题等。传统的美缝剂是涂在填缝剂的表面，新型美缝剂不需要填缝剂做底层，可以在瓷砖黏接后直接填加到瓷砖缝隙中。适合2mm以上的缝隙填充，施工比普通型方便，是填缝剂的升级换代产品。

潮湿的地方存放干燥的东西

密封的柜门

◎卫生间的柜子里面放的东西，总是湿漉漉的，没有漏水渗水也感觉是湿的。

☆那是热水的水蒸气从柜门缝隙进到柜内引起的，可以增加一道防线。

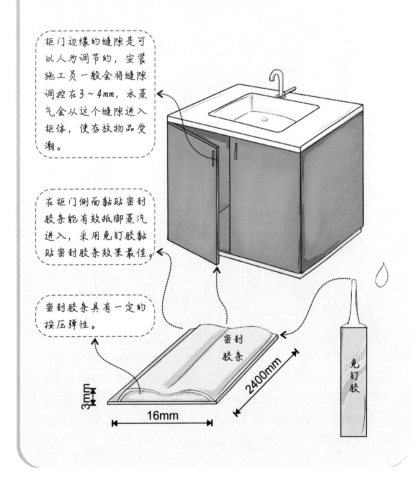

柜门边缘的缝隙是可以人为调节的，安装施工员一般会将缝隙调控在3～4mm，水蒸气会从这个缝隙进入柜体，使存放物品受潮。

在柜门侧面黏贴密封胶条能有效抵御蒸汽进入，采用免钉胶黏贴密封胶条效果最佳。

密封胶条具有一定的按压弹性。

密封胶条

2400mm

3mm

16mm

免钉胶

柜内收纳盒

◎没有独立淋浴房且又没有窗户的卫生间，总觉得整天湿漉漉的，怎么存放要求干燥的物品？

☆那只能借助密封性较好的收纳盒了。

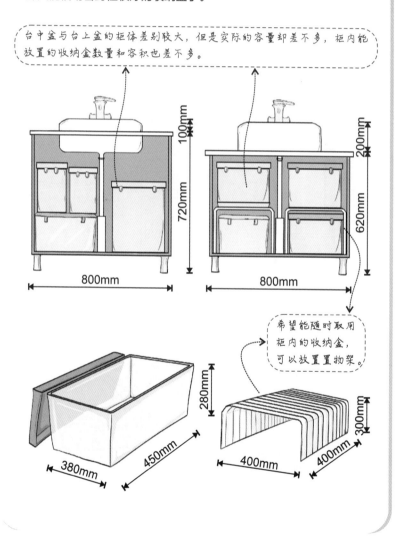

台中盆与台上盆的柜体差别较大，但是实际的容量却差不多，柜内能放置的收纳盒数量和容积也差不多。

希望能随时取用柜内的收纳盒，可以放置物架。

卫生间内的干燥区

◎卫生间内有干燥的地方吗？

☆当然有，除了洗脸柜，还有柜体的高处都属于干燥区。

◎蒸汽会影响储物的干燥度吗？

☆蒸汽停留在卫生间内的时间毕竟还是很短的。

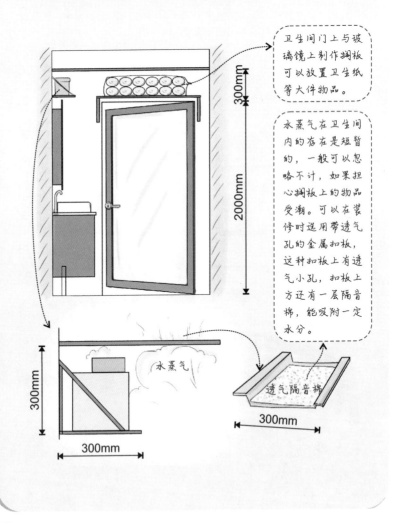

卫生间门上与玻璃镜上制作搁板可以放置卫生纸等大件物品。

水蒸气在卫生间内的存在是短暂的，一般可以忽略不计，如果担心搁板上的物品受潮。可以在装修时选用带透气孔的金属扣板，这种扣板上有透气小孔，扣板上方还有一层隔音棉，能吸附一定水分。

水蒸气

透气隔音棉

无窗卫生间的通风改造

◎无窗卫生间能通风吗？

☆可以根据周边墙体与户型进行改造，也可以安装排风扇和通风管。

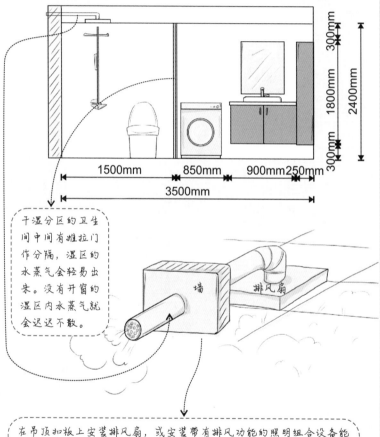

干湿分区的卫生间中间有推拉门作分隔，湿区的水蒸气会轻易出来。没有开窗的湿区内水蒸气就会迟迟不散。

在吊顶扣板上安装排风扇，或安装带有排风功能的照明组合设备能有效解决湿区内无窗户的弊病。安装方法比较简单。首先在墙面上钻孔，钻孔直径为80mm左右，然后穿入直径75mm的PVC管，注意管外端头安装通气孔帽，防止虫、鸟钻入，最后将室内端管口对接到排风扇管道上即可，对接时可以采用软质PVC管来调节位置。

墙面挂架这样装

水管电线不要钉破

◎买个挂架回来都不敢上墙安装，很怕把墙上的电线水管钉破了。

☆自己安装风险很大，要让水电布线的师傅来装。

◎入住了一段时间才觉得要增加挂架，那应该怎么办？

☆有几种方法可以比较准确地识别安装部位是否有水电管线。

挂架安装黄金区域

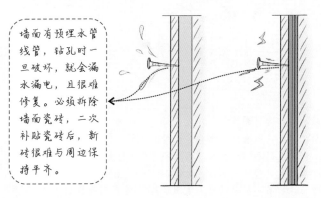

墙面有预埋水管线管，钻孔时一旦破坏，就会漏水漏电，且很难修复。必须拆除墙面瓷砖，二次补贴瓷砖后，新砖很难与周边保持平齐。

黏贴式挂架的保险安装方法

◎黏贴式挂钩和挂架很容易脱落，说不定哪一天就掉了。

☆黏贴方法不对。

◎都是按照说明书上的要求来做的啊?

☆任何黏贴式挂架都不能单纯地使用一种胶来黏贴，至少用两种。

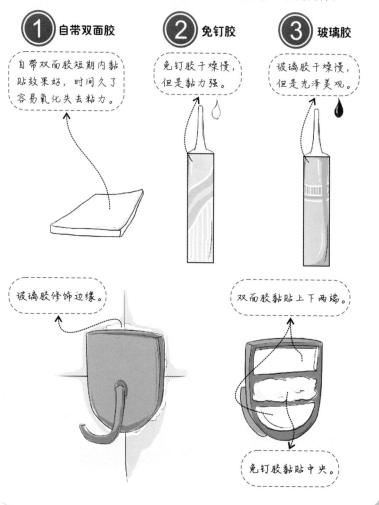

1 自带双面胶

自带双面胶短期内黏贴效果好，时间久了容易氧化失去粘力。

2 免钉胶

免钉胶干燥慢，但是黏力强。

3 玻璃胶

玻璃胶干燥慢，但是光泽美观。

玻璃胶修饰边缘。

双面胶黏贴上下两端。

免钉胶黏贴中央。

挂架的多样化选购

① 单一毛巾架

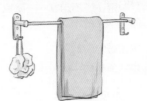

单一毛巾架适用于毛巾专用挂置。

② 组合毛巾架

组合毛巾架上层适用于放置折叠整齐的浴巾与备用毛巾。

③ 角架

角架适用于放置洗浴用品。一般安装在淋浴区或浴缸旁的墙角处。

④ 搁板架

搁板架适用洗脸柜与梳妆镜旁的墙面，用于放置漱口杯或洗脸用品。

⑤ 挂钩

挂钩适用于挂置不常用的抹布、毛巾、工具等。注意净、污分离。

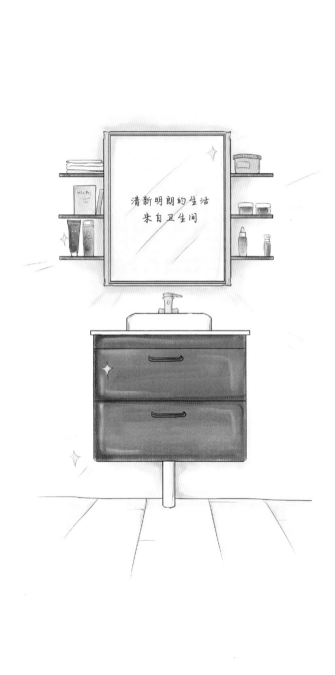

清新明朗的生活
来自卫生间

Chapter 9

门厅走道的收纳
秘籍

门厅走道都有些什吗？

回家后的第一件事是解放全身

◎回家进门后是最轻松的，所有的东西都可以放下了。

☆眼睛盯着餐桌和床，最容易忽视的是门厅。

◎仔细一看，门厅的东西的确很多，但是这些东西仅仅为出门所用。

☆应该找个地方收起来。

回家放松了！可这些东西放在哪呢？

250

大多数门厅是这样的

◎你家最脏的地方是哪里?

☆卫生间和阳台。

◎卫生间和阳台有水可以清洗,都很干净。

☆哪是什么地方?

◎门厅鞋柜。

雨伞、帽子

眼镜、钥匙

不用的鞋子

购物袋

常用的鞋子

包包

 室外带入的灰尘

鞋子、包包、购物袋等物品从室外带进来,带入很多灰尘。

 长期不用的霉菌

鞋柜里不用的与没有及时清洗的鞋中,有发霉细菌。

遇到的问题和困难

◎进门后，第一件事情就是要释放双手，把东西都放下，但是在绝大多数情况下，东西只能放在地上，太脏了。

☆门厅比较小，几乎没有能临时储物的空间，要解决这个问题只能考虑在鞋柜上作文章。

◎此外，经过收纳后的东西往往与鞋子为邻，太脏了。

☆这个就得好好规划一下了。

1 空间狭小

门厅走道狭小，拎进门的东西没地方放，甚至行走都很局促。

2 没有临时放置空间

除了封闭的柜子，再没有可供临时放东西的地方了。

鞋柜

门厅

3 容易被污染

穿过的鞋子、没穿的鞋子，用过的雨伞，没用的雨伞等，混在一起永远都是脏的。

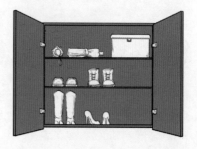

收到的效果

 将空间变规整

将门厅空间设计成一个比较标准的正方形，会让人感到空间不那么狭窄。

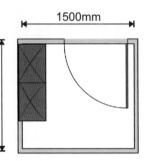

1500mm

1500mm

② **拓展鞋柜的临时置物台**

在鞋柜中央设计一个不带柜门的储物台，高度和深度设计为300～400mm。

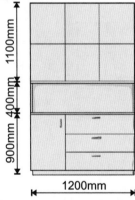

1100mm
400mm
900mm
1200mm

2400mm
400mm

③ **净污分区**

鞋柜中尽量制作更多搁板，将穿过和没穿的鞋子上下分开放置。此外，最好再设计几个抽屉，这样收纳物品的清洁度更高。

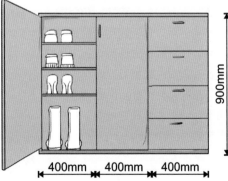

400mm 400mm 400mm

900mm

门厅走道的完美布局

门厅居然还有布局

◎门厅走道有布局吗？

☆当然有，内容还不少呢，看你家里是哪一种，对号入座。

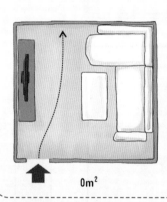

无厅型布置

  这种门厅适合面积很小的住宅，打开大门后就能直接观望到室内，进门后沿着墙边行走。但是在这种空间里还是要满足换衣功能，在墙壁上钉置挂衣板，保证出入时方便使用。在狭窄的空间里可以将换鞋、更衣、装饰等需求融合到其他家具中。

0m²

走廊型布置

  打开大门后只见到一条狭长的过道，能利用的储藏空间和装饰空间不多，可以见机利用边侧较宽的墙面，设计鞋柜或储藏柜。如果宽度实在很窄，鞋柜可以设计成抽斗门，厚度只需160mm。在对应的墙面上，可以安装玻璃镜面，衬托出更宽阔的走道空间。

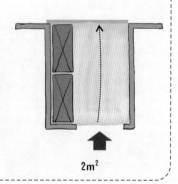

2m²

前厅型布置

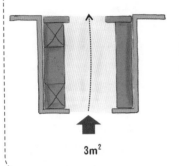

3m²

这种空间比较开阔，打开大门后是一个很完整的门厅，一般呈方形，长宽比例适中，在设计上是有很大空间的。可以在前厅型空间内设计装饰柜、鞋柜为一体的综合型家具，甚至安置更换鞋袜的座凳，添加部分用于遮掩回避的玄关，并且设计出丰富的装饰造型。

异型布置

针对少数不同寻常的住宅户型，这种布置要灵活运用，将断续的墙壁使用流线型鞋柜重新整合，让门厅空间显得有次序、有规则。原本凌乱的平面布置，现在被收拾得很干净了，但是也不要寄希望于能存放很多的东西，形式和功能很难统一。

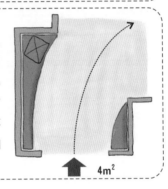

4m²

想想吧

玄关源于中国，是中国道教修炼的特有名词，最早出自道德经的：玄之又玄，众妙之门。指道教内炼中的一个突破关口，道教内炼首先突破方能进入正式，后来用在室内建筑名称上，意指通过此过道才算进入正室，玄关之意由此而来。

现在泛指厅堂的外门，也就是居室入口的一个区域。专指住宅室内与室外之间的一个过渡空间，也就是进入室内换鞋、更衣或从室内去室外的缓冲空间，也有人把它叫做斗室、过厅、门厅。在住宅中玄关虽然面积不大，但使用频率较高，是进出住宅的必经之处。

走道根据房型来选择

3m²

一形布置

　　一形走道比较严肃，设计时要注意保留适当的宽度，走道两侧的房间门最好能交错布置。狭长的走道采光不好，需要增设照明，墙面上可以开设大小不一的洞口做展示柜，各房间门上的装饰造型可以适当采用磨砂玻璃，使走道显得不是那么沉闷。

L形布置

　　L形走道的尽头一般是卧室的开门，中间的转折可以回避内部隐私。转折处的墙角是装饰的重点，可以采用圆弧装饰造型来缓解直角给人带来的生硬感。如果想扩大卧室的使用空间，也可以将门开在L形走道的中间，将走道的一部分包含到卧室中去。

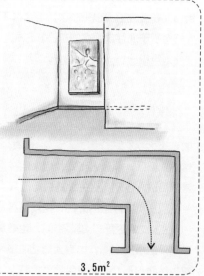

3.5m²

双边形布置

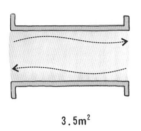

3.5m²

双边走道很宽，适合开门较多的户型，双边走道一般是一形走道宽度的1.5倍。双边走道宽度较大，在走道的尽头设计背景墙，丰富走道的空间氛围。如果住宅面积太小，也可以拆除一侧墙体，扩大内部使用空间。

S形布置

S形走道一般用于设计风格很特异的大型住宅，行走中能让人感觉到扑朔迷离的氛围。周边墙面上的房间开门也呈弧形设计，一般是梭拉门的形式，地面最好铺设拼花地砖，可以表现出蜿蜒的形态，不宜使用直边的木地板作铺装。

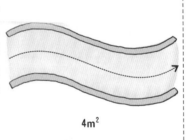

4m²

走道墙面挂件

走道吊顶的玄机

吊顶里有乾坤

◎最隐蔽的收纳在哪里？

☆吊顶里。

◎我也觉得吊顶空间浪费挺大的，但是还能装些什么呢？

☆有什么装什么，肚量大得很。

吊顶上开孔
制作盖板

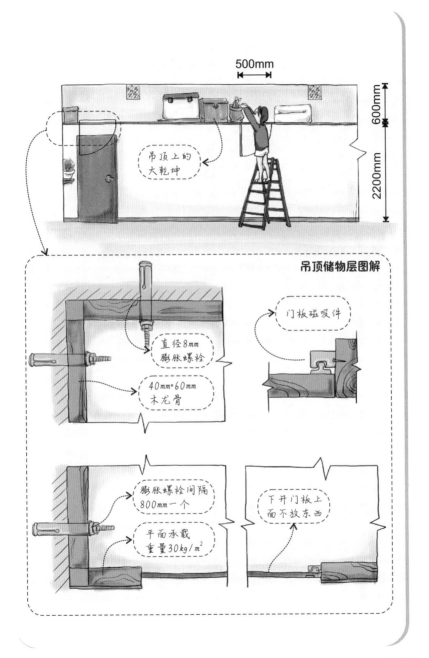

500mm

600mm

2200mm

吊顶上的
大乾坤

吊顶储物层图解

直径8mm
膨胀螺栓

40mm×60mm
木龙骨

门板磁吸件

膨胀螺栓间隔
800mm一个

平面承载
重量30kg/m²

下开门板上
面不放东西

无敌鞋柜设计

数不清的鞋子

◎家里的鞋子越来越多，为什么鞋子的增长的速度比衣服快？

☆体积小，价格低，衣服不常买，鞋子可以常换。

◎一个家到底多少双鞋子才是正常合理的？

☆50～60双左右。

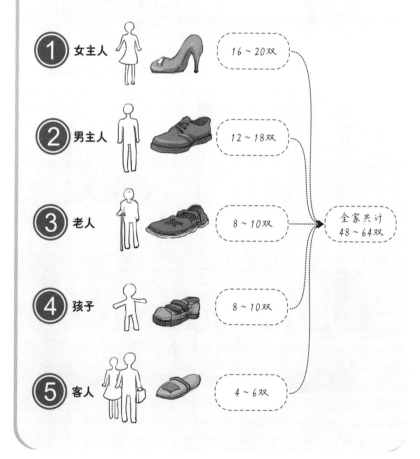

1 女主人　16～20双

2 男主人　12～18双

3 老人　8～10双

4 孩子　8～10双

5 客人　4～6双

全家共计 48～64双

鞋子的尺寸

 脚的尺寸

230~270mm

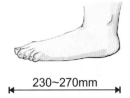 **鞋的尺寸**

105~150mm

245~265mm

65~105mm

265~280mm

③ **国际标准鞋码对照表**

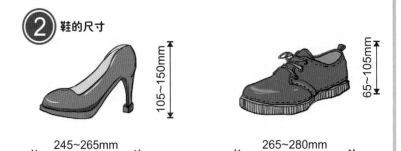

	鞋长（欧码）	36	37	38	39	40	41	42
女鞋	鞋长（厘米）	22.5	23.5	24.5	25.5	26.5	27.5	28.5
	脚长（厘米）	22	22.9	23.7	24.1	25.4	26.2	27.1
	鞋长（欧码）	40	41	42	43	44	45	46
男鞋	鞋长（厘米）	25.5	26	26.5	27	28	29	30
	脚长（厘米）	25	25.5	26	26.5	27	27.5	28

注：不同制鞋厂家不同款式对实际鞋码有影响。

鞋子容器的尺寸

 平放鞋柜

300mm

平放鞋柜对深度有要求，净空深度至少300mm，高度上每层搁板间距至少160mm。平放鞋柜存储量大。

 斜放鞋柜

250mm

斜放鞋柜对深度要求只需250mm，可以将鞋柜深度替换墙体厚度，搁板内侧预留10mm缝隙能让灰尘落下，集中清扫。

 翻斗鞋柜

150mm

翻斗鞋柜深度只需150mm，可以有效利用门厅旁的多余窄小空间放置，但是能放置的鞋子却不多。

其他物品的尺寸

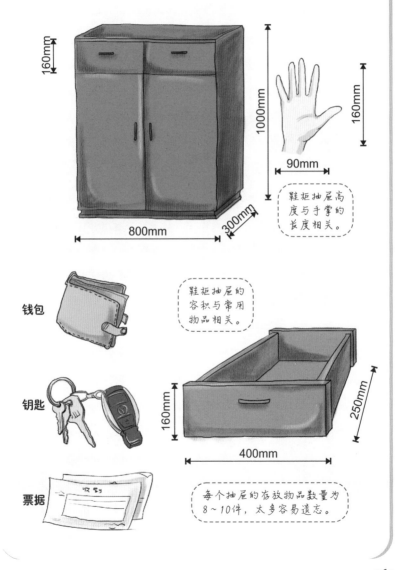

160mm

1000mm

800mm

300mm

160mm

90mm

鞋柜抽屉高
度与手掌的
长度相关。

钱包

鞋柜抽屉的
容积与常用
物品相关。

160mm

250mm

400mm

钥匙

票据

每个抽屉的存放物品数量为
8～10件，太多容易遗忘。

鞋柜中的活动搁板

◎鞋柜中的搁板是怎样设计的?

☆这是国际上通用的32mm设计模式。

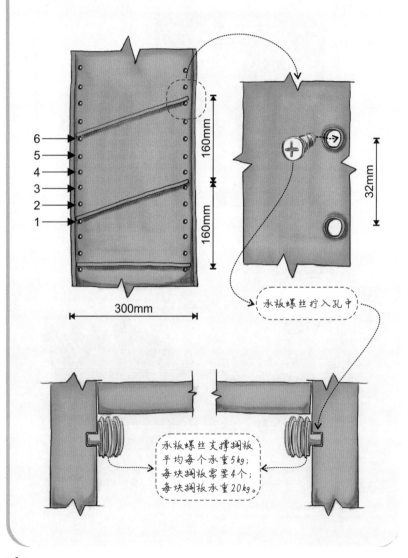

承板螺丝拧入孔中

承板螺丝支撑搁板
平均每个承重5kg;
每块搁板需要4个;
每块搁板承重20kg。

鞋柜分区

◎理想中的鞋柜就是大，大柜包万象？

☆恰恰相反，鞋柜不能过大。

◎为什么？

☆如果没有那么多鞋子，会混装其他东西，容易被鞋子污染。

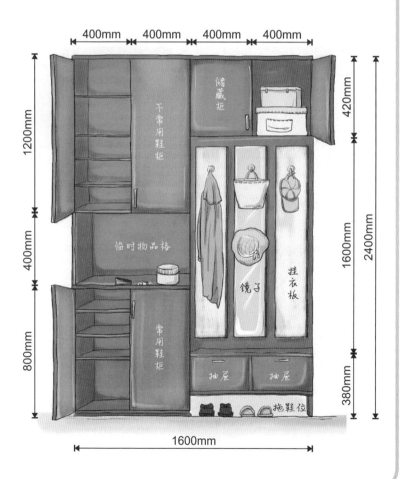

懒人鞋位

◎一回到家就想放松，懒得把鞋子收拾好。

☆鞋柜下的可以设计懒人鞋位。

◎还有这样的设计？

☆专为患有"收纳强迫症的懒人"而设计。

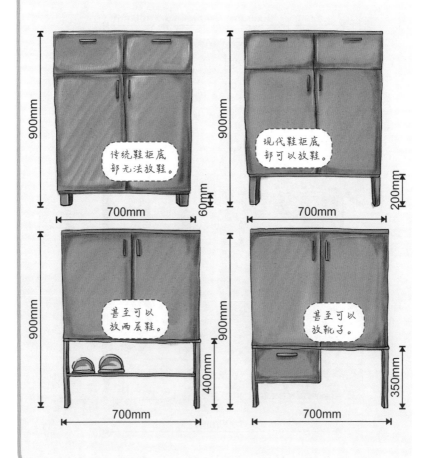

有用的鞋盒

◎买鞋的鞋盒扔吗?

☆软质的扔，硬质的不扔，可以放置不常穿的高档鞋子。

◎鞋盒占用空间好大。

☆简单改造一下就可以了。

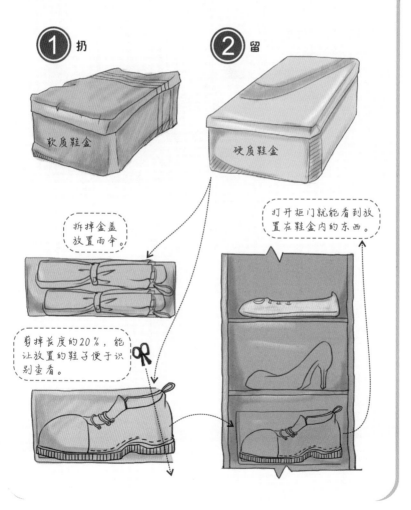

① 扔

软质鞋盒

② 留

硬质鞋盒

拆掉盒盖
放置雨伞。

剪掉长度的20%，能
让放置的鞋子便于识
别查看。

打开柜门就能看到放
置在鞋盒内的东西。

理想中的鞋柜

鞋凳＋挂衣板

下部是鞋凳，抽斗型开门能储藏很多杂物，鞋凳上方要保持自然坐立姿态，就不能设计更多的储藏柜，但是可以均衡地排列挂衣板。

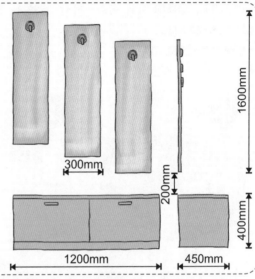

储藏型鞋柜

储藏柜型鞋柜经济实用，可以存放很多杂物。但是要设计得新颖，配合使用不同的装饰材料和油漆颜色，让这种大件家具显得精致。

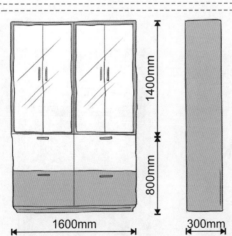

储物型鞋柜

　　很标准的储物型鞋柜，分为上、中、下三部分。下部为抽屉和柜门，用作储藏；上部为玻璃展示柜；而中间的台板则可以随意存放一些日常杂物，适合标准户型。

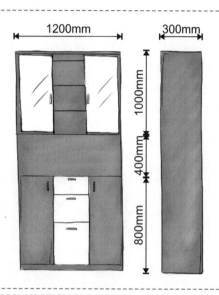

左右组合型鞋柜

　　组合型鞋柜是独立的隔断造型，下部为鞋柜，上部采用装饰玻璃拼装。凸凹起伏造型能让门厅空间变化多样，丰富我们的家居环境。

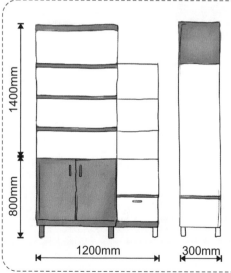

购买成品鞋柜

◎家具城有很多成品鞋柜，看上去很漂亮，功能很齐全，比定制的好。

☆对于空间大的门厅反而可以买成品鞋柜，如果门厅小，成品鞋柜的上部往往会很浪费。

◎成品鞋柜还可以放在什么地方？

☆阳台和储藏间。

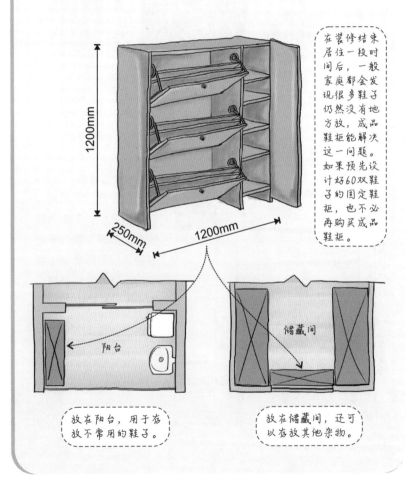

在装修结束居住一段时间后，一般家庭都会发现很多鞋子仍然没有地方放，成品鞋柜能解决这一问题。如果预先设计好60双鞋子的固定鞋柜，也不必再购买成品鞋柜。

放在阳台，用于存放不常用的鞋子。

放在储藏间，还可以存放其他杂物。

鞋柜的伴侣

◎鞋子有地方放了，但是却没地方换鞋。

☆可以根据空间形态选购或制作鞋凳，鞋凳也能放鞋子。

◎哦，我还以为大家都在门厅蹲着换鞋呢。

☆呃。

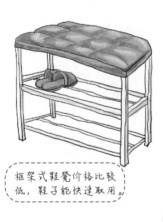

框架式鞋凳价格比较低，鞋子能快速取用。

矮柜式鞋凳比较结实。

一体式鞋凳超宽超大，兼顾多种功能。

软包式鞋凳揭开表面盖板可以放东西。

墙体与柜子

◎门厅很窄，放不下鞋柜，能把墙拆了吗？

☆非承重混凝土的内墙可以拆，但是有很多问题要注意。

 与楼梯相邻的墙

不能拆

门厅

1350mm

 与电梯相邻的墙

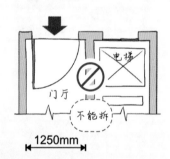

电梯

门厅

不能拆

1250mm

 **混凝土墙/柱**

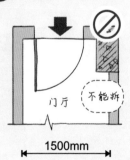

门厅

不能拆

1500mm

 烟道

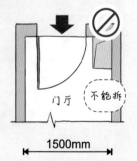

门厅

不能拆

1500mm

墙体换柜子

◎门厅实在是太小，放不下鞋柜，能把卫生间的墙拆了吗？

☆墙体换柜子是可以的，但是要做好防水层。

◎啊，不做真的会漏水吗？

☆拆墙的同时会破坏墙面的防水层，不仅会漏水到楼下，还会把鞋柜浸湿，严重的还会把门厅走道墙面浸湿，造成墙体发霉。

◎用什么材料做防水层？

☆地面与墙角最好用丙纶防水卷材，墙面用K11型防水涂料，鞋柜的背板要用水泥板才好刷防水涂料与贴瓷砖。

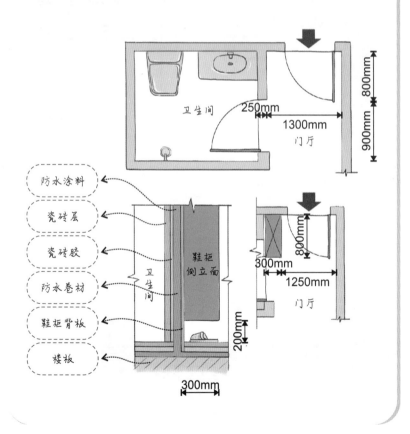

柜子贴墙体

◎鞋柜都是贴着墙吗？

☆大多数鞋柜贴着墙是不错的，如果要放其他东西，还需要预留一些空间，否则以后就会很拥挤。

◎鞋柜与墙体之间应该留多大的间距？

☆放得下雨伞、盆栽、挂架就可以，平时在生活中还有什么东西需要放在门厅的，就按具体尺寸来预留。

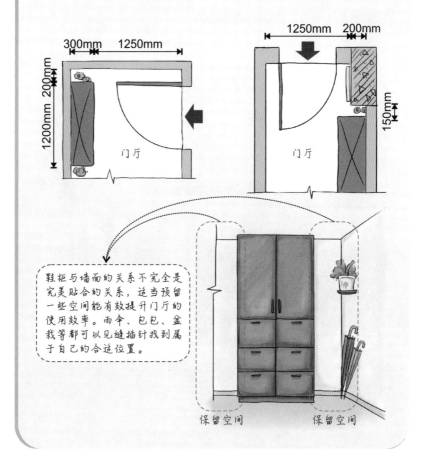

鞋柜与墙面的关系不完全是完美贴合的关系，适当预留一些空间能有效提升门厅的使用效率。雨伞、包包、盆栽等都可以见缝插针找到属于自己的合适位置。

柜子能"吃"墙

◎柜子还能"吃"了墙?

☆胆大心细无所不能。

◎前面不是说不能随便拆墙吗?

☆厚度达到250mm厚的内墙,且不是钢筋混凝土构造的墙,不具备承重功能,是可以拆除的。如果是建筑外墙,只要厚度达到250mm,可以拆除一半以内,也就是约120mm,这给宝贵的门厅节省不少空间。

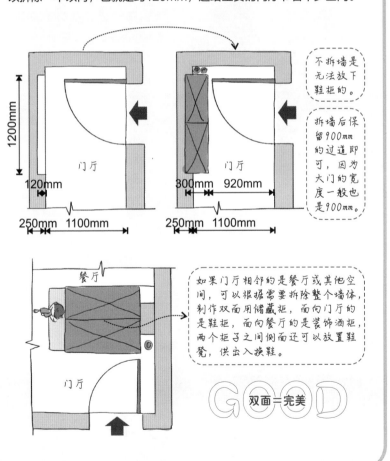

不拆墙是无法放下鞋柜的。

拆墙后保留900mm的过道即可,因为大门的宽度一般也是900mm。

如果门厅相邻的是餐厅或其他空间,可以根据需要拆除整个墙体,制作双面用储藏柜,面向门厅的是鞋柜,面向餐厅的是装饰酒柜,两个柜子之间侧面还可以放置鞋凳,供出入换鞋。

双面=完美

楼梯间见缝插针

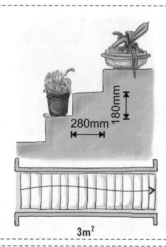

3m²

一形布置

一形楼梯直上直下，布置空间时要考虑周边墙体等围合屏障的设计，人在上、下楼梯感到空间局促、沉闷时，需要借助其他装饰品来打破这段空间的沉闷。可以在楼梯台阶靠近扶手的边缘放置少量盆景、绿植。

L形布置

L形楼梯比较节省空间，一般顺着住宅的墙角延伸而上。楼梯的转角部分一般会形成较大的空白，可以在楼梯转角的下方设置储藏柜、吧台、室内景观等，但是不宜布置成餐厅和客厅，上、下楼所扬起的灰尘会给正常的起居生活带来影响。

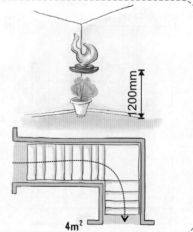

4m²

U形布置

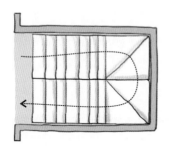

4m²

U形布置使得楼梯成为一个独立的空间，会对周边空间造成挤压的感觉。U形布置最适合人上下楼梯，在一定程度上可以缓解人的疲劳，无需添加过多的装饰品。楼梯下的储藏空间也能得到充分的利用，可以设置开门并放置更多的杂物。

旋转型布置

旋转型楼梯最时尚，能节省住宅面积，中间的立柱支撑轴直径不得小于200mm，每级台阶的中央深度不得小于250mm。旋转型楼梯在使用时比较局促，容易引起头晕。楼梯下方一般悬空，长期使用会造成一定幅度的抖动，需要定期维护、保养。

4m²

楼梯栏杆挂件

楼梯间千万别浪费

楼梯间是门厅的备用储物间

◎楼梯间能放东西吗？

☆有楼梯间的房子难道还愁没地方放东西？

◎不用起来太浪费了。

☆楼梯间可以改造成备用储物间，改造的方式千奇百怪，改成水池、书房、卫生间的大有人在，但是改成储藏间最实用。

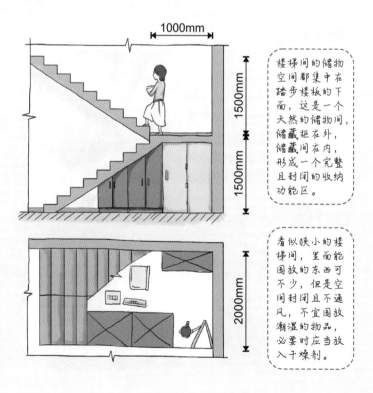

1000mm

1500mm

1500mm

楼梯间的储物空间都集中在踏步楼板的下面，这是一个天然的储物间，储藏柜在外，储藏间在内，形成一个完整且封闭的收纳功能区。

2000mm

看似狭小的楼梯间，里面能囤放的东西可不少，但是空间封闭且不通风，不宜囤放潮湿的物品，必要时应当放入干燥剂。

黄金三角区

◎什么是黄金三角区?

☆楼梯踏步下的三角形空间,能做成各种空间,往往被业主们称为黄金三角区。

◎怎样才能发挥它的黄金价值?

☆楼梯间可以改造成备用储物间,楼梯台阶可以设计成抽屉。

干燥剂

干燥剂能有效保持储物空间干燥,每立方米80g,每半年更换1次。

如果是单跑楼梯,那么楼梯间的内空就比较高,可以开设一扇正常的门,从容地进出,随意收纳各种物品,里面可以放置无门衣柜、搁板、挂架、鞋凳等各种收纳神器。为了美观,不让人无端打开楼梯间的门,可以选购表面平整无造型的门板,从外看不到明显的门存在。

拒绝垃圾场

◎门厅走道看似不大，但是真地能放很多东西。

☆门厅走道的收纳结局必定是个悲剧。

◎怎么理解？

☆脏、乱、差，潜意识让人将马上要扔掉的东西展示放在门厅，表示自己已经下了决心要扔掉，但是一直却舍不得扔。

◎怎样解决？

 脏

长期不穿也不洗的旧鞋子会滋生大量细菌，危害家人健康。

 乱

长期不收拾的抽屉会囤积大量杂物，导致再也不愿打开这个抽屉了，同样这个抽屉也就丧失了收纳功能。

 差

网购的习惯是买廉价商品，花了钱却没用上，潜意识地放到鞋柜里，提醒自己马上扔出门，但是永远下不了手。

Chapter

10

阳台从来都是仓库

阳台的几种格局

遇到的问题与困难

◎阳台比较窄小，收纳空间很有限，怎样能放下较多的东西？

☆阳台的收纳主要针对不常用的物品，也可以称为仓库式收纳。

◎把阳台当仓库了，岂不是失去阳台的意义了。

☆严格上说，阳台应当是一种带有仓库性质的休闲空间。

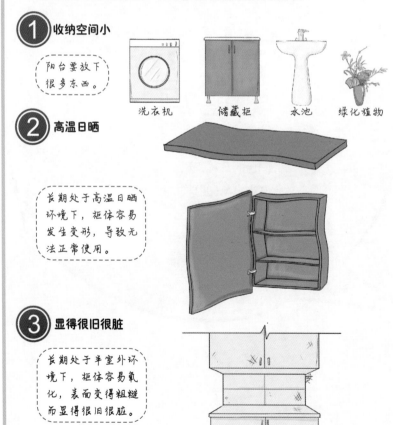

1 收纳空间小

> 阳台要放下很多东西。

洗衣机　　储藏柜　　水池　　绿化植物

2 高温日晒

> 长期处于高温日晒环境下，柜体容易发生变形，导致无法正常使用。

3 显得很旧很脏

> 长期处于半室外环境下，柜体容易氧化，表面变得粗糙而显得很旧很脏。

收到的效果

1 向高处拓展

在阳台顶部制作吊柜，可以满足各种物品的收纳，形成一个缩小版家庭仓库。

1400mm

600mm

800mm

3600mm

2 能防晒的板材

木芯板

铝塑板

3mm厚铝塑板

在普通木芯板表面粘贴1层3mm厚铝塑板，能有效提高板材的抗变形能力，这种适用于户外店面招牌的工艺同样也能用于阳台家具。

3 仿古瓷砖

阳台地面铺装500mm×500mm仿古地砖，花纹能让阳台在充足的日照下显得不单调。

500mm

500mm

500mm

500mm

封阳台与不封阳台的纠结

◎新房的阳台要封起来吗？

☆大户型住宅如果有多个阳台，可以保留一个不封闭，留一个感受阳光和空气的地方。

◎封阳台都是采用玻璃和铝合金材料，也可以感受阳光和空气啊。

☆大多数住宅封了阳台后，阳台就成了一个储藏间。

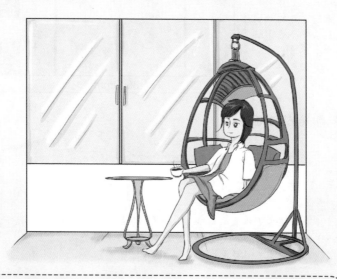

标准型布置

　　标准型的阳台一般呈悬挑结构，不宜放置重物。洗衣机的布置要接近排水口，如果距离实在太远，也可以在阳台地面边角处安装排水管道，与门槛台阶平行。如果需要储藏空间，一般考虑安装高度在900mm以下的储藏柜，储藏柜地面悬空。

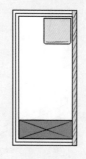

3m²

圆弧型布置

　　圆弧型的阳台一般也呈悬挑结构，外形美观，而且加大了阳台的使用面积，可以沿着外围地面铺设鹅卵石，布置小盆装的绿化植物，使阳台空间显得更加精致美观。中央圆弧造型可以铺设花色丰富的地面砖。洗衣机和储藏柜不宜过大，不要破坏圆弧型阳台的完整性。

4m²

曲线型布置

　　曲线型的阳台实际上是将一个完整的圆弧型阳台一分为二，相邻两个户型各占一半，中间设有承重隔墙，属于半悬挑阳台。如果是高层住宅，可以沿着隔墙布置休闲座椅，零星点缀绿化植物，使之形成一个大气的观景空间，一家人可以在阳台上远眺、品茶。

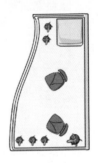

5m²

转角型布置

　　转角型的阳台一般位于东、西两端的住宅户型里，接受日照的时间比较长，洗衣机和储藏柜应避开阳光照射。向阳方向比较适合观花类植物的生长，可以适当点缀。同时，也可以封闭一部分阳台空间，与室内相结合，既扩大了使用面积，又规整了阳台形态。

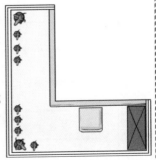

8m²

平开门储藏柜下可以放置洗衣机，储藏柜固定在墙面上，阳台地面不宜承受储藏柜的压力。洗衣机的给水、排水管道要回避储藏柜。

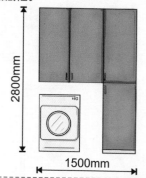

阳台墙面的下部为储藏柜，上部为隔板。柜体宜采用铝塑板贴面，防止太阳曝晒。隔板上如果要放置花盆，可以采用角钢焊接。

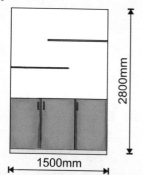

阳台的侧面墙壁上可以设计成隔板式花架，上面可以放置大小不一的花盆，但是这对隔板的承重要求很高，最好使用膨胀螺栓固定。

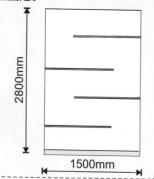

注重休闲功能的阳台可以将储藏柜设计得很低，在上面放置座垫，犹如一个户外休闲间。另外不用时可以放置杂物，有很大的提升价值。

不能拆的剪力墙

◎阳台太小了，房间也太小了，打通成一间大房可以吗？

☆当然可以，但是两者之间的墙体不能完全拆除，绝大多数阳台的结构是建筑的附加体，墙体具有一定承载功能。

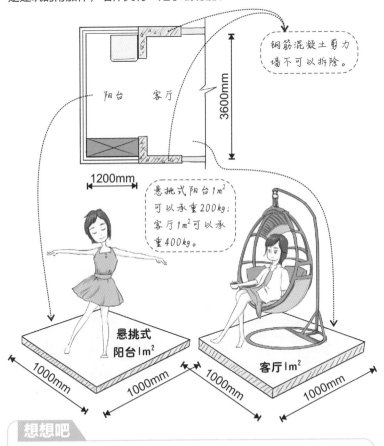

钢筋混凝土剪力墙不可以拆除。

3600mm

阳台　客厅

1200mm

悬挑式阳台1m²可以承重200kg；客厅1m²可以承重400kg。

悬挑式阳台1m²

1000mm　1000mm

客厅1m²

1000mm　1000mm

想想吧

剪力墙又称抗风墙、抗震墙或结构墙。房屋或构筑物中主要承受风荷载或地震作用引起的水平荷载和竖向荷载（重力）的墙体，防止结构剪切（受剪）破坏，一般用钢筋混凝土做成。

洗衣机与储藏柜的结合

洗衣机放阳台的不二之选

◎洗衣机到底是放卫生间还是放阳台?

☆如果你有两个卫生间,可以将洗衣机放入其中的公共卫生间,如果只有一个卫生间,那么放在阳台就是不二之选。此外,洗衣机放在阳台可以减少行走路程。

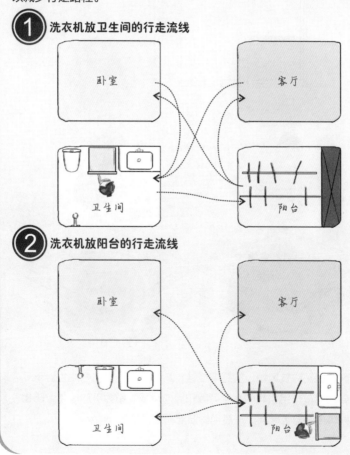

① 洗衣机放卫生间的行走流线

② 洗衣机放阳台的行走流线

洗衣用品多

◎看似简单的洗衣服，其实需要的东西还是很多的。

☆这些东西的主要集中在洗衣机周边，因此，洗衣机放在阳台才能有足够的空间来收纳。

1 洗衣之前

洗衣液　　洗衣粉　　刷子　　脏衣篮

毛巾

2 洗衣之中

洗衣机龙头　　　　洗衣机地漏

3 洗衣之后

晾衣架　　肥皂

电熨斗

夹子　　　　熨衣板

洗衣机与储藏柜完美结合

◎洗衣机放在阳台总觉得怪怪的，很显眼，很突出。

☆洗衣机可以和储藏柜、水池结合起来设计，形成集成化组合家具。

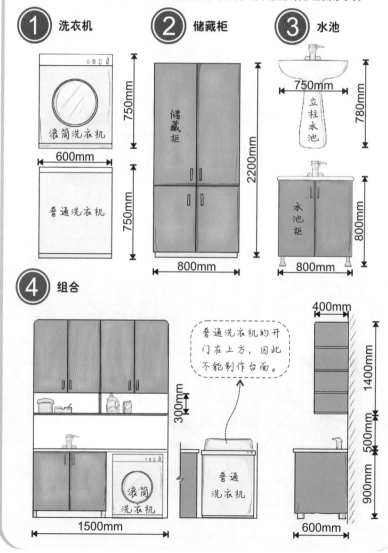

不让落水管太显眼

◎洗衣机和储藏柜完美结合了，但是落水管就像个电灯泡竖立在旁边。

☆对落水管的处理要讲究方法。

① 包管套

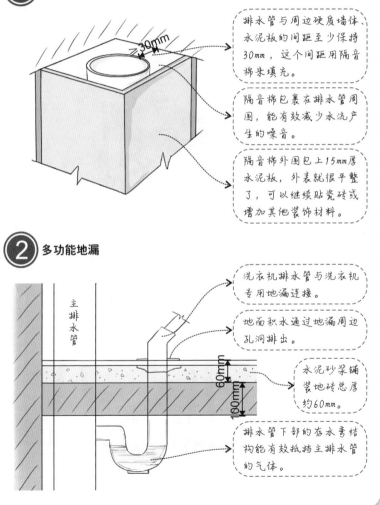

30mm

排水管与周边硬质墙体水泥板的间距至少保持30mm，这个间距用隔音棉来填充。

隔音棉包裹在排水管周围，能有效减少水流产生的噪音。

隔音棉外围包上15mm厚水泥板，外表就很平整了，可以继续贴瓷砖或增加其他装饰材料。

② 多功能地漏

主排水管

60mm

190mm

洗衣机排水管与洗衣机专用地漏连接。

地面积水通过地漏周边孔洞排出。

水泥砂浆铺装地砖总厚约60mm。

排水管下部的存水弯结构能有效抵挡主排水管的气体。

花草菜鸟一个不少

◎以前大家都在阳台种花种草，怎么现在很少见了？

☆花花草草还是有的，只是房子太小了，阳台都成仓库了。

◎还能拓展一些空间出来培养情趣生活吗？

☆当然可以，向垂直面要空间。

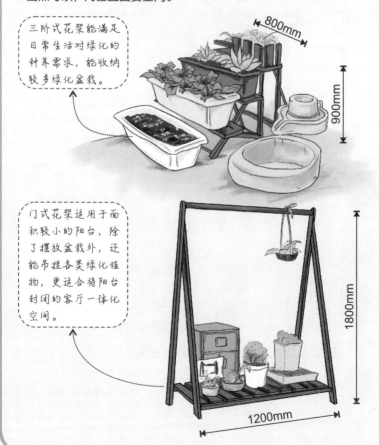

三阶式花架能满足日常生活对绿化的种养需求，能收纳较多绿化盆栽。

800mm

900mm

门式花架适用于面积较小的阳台，除了摆放盆栽外，还能吊挂各类绿化植物，更适合将阳台封闭的客厅一体化空间。

1800mm

1200mm

种菜的奇思妙想

◎早就听说很多家庭都在阳台上种菜，怎样才能实现？

☆普通的种菜与养花草没有区别，只是种养的量较大，如果有兴趣可以采取更夸张的方法。

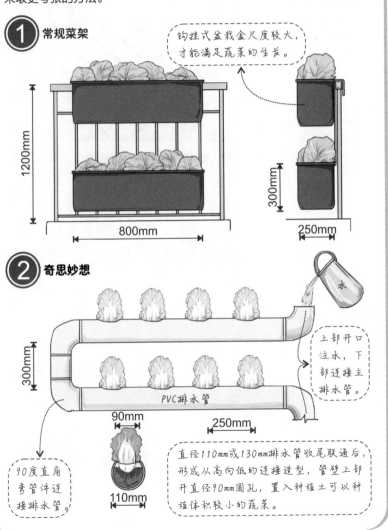

1 常规菜架

钩挂式盆栽盆尺度较大，才能满足蔬菜的生长。

1200mm

800mm

300mm

250mm

2 奇思妙想

300mm

PVC排水管

90mm

250mm

上部开口注水，下部连接主排水管。

90度直角弯管件连接排水管。

110mm

直径110mm或130mm排水管收尾联通后，形成从高向低的连接造型，管壁上部开直径90mm圆孔，置入种植土可以种植体积较小的蔬菜。

绿化胜境

① 绿化墙

将装修剩余的木龙骨与木板制作成木质格栅，直接安装在阳台墙面上，可以放置多种绿化盆栽，成本低，收效好。

搁板可以采用松木或杨木指接板，表面刷清漆保护木质纤维不受污染。

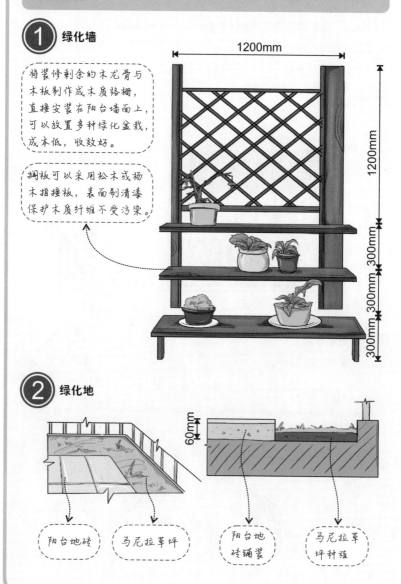

1200mm

1200mm

300mm 300mm 300mm 300mm

② 绿化地

60mm

阳台地砖

马尼拉草坪

阳台地砖铺装

马尼拉草坪种植

宠物乐园

◎宠物也想放到阳台上，怎样为它们建个窝？

☆陆海空一个都不少，处处为你想到。

鸟笼挂在高处，挂杆结构简单。

局部空间还可以制作储藏柜。

中上部柜体深度为400mm左右即可。

中部搁板可以放置盆栽植物。

鱼缸水族馆要根据具体尺寸来预留空间，预留电源插座。

深度达600mm的宠物房能满足各类中等形体的宠物。宠物房一般采用防腐木制作，受到破坏后容易拆装更换。

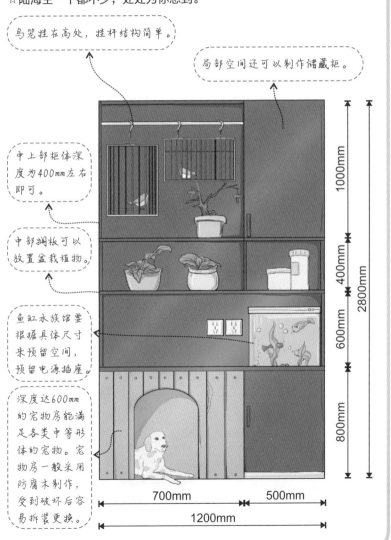

1000mm

400mm

2800mm

600mm

800mm

700mm

500mm

1200mm

晒衣晾衣两件神器

◎晒衣服好麻烦，这么多年来一直都没有轻松过。

☆身高不够器具凑。

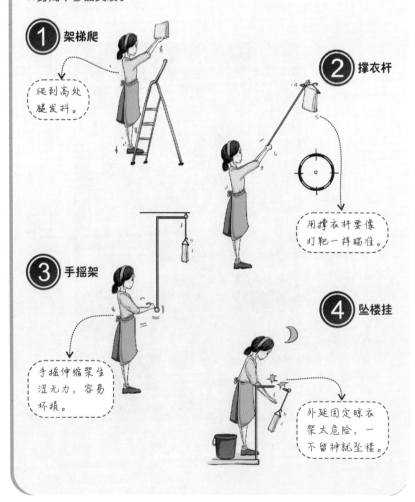

1 架梯爬

爬到高处腿发抖。

2 撑衣杆

用撑衣杆要像打靶一样瞄准。

3 手摇架

手摇伸缩架生涩无力，容易坏损。

4 坠楼挂

外延固定晾衣架太危险，一不留神就坠楼。

298

两件神器全都解决

◎晒衣服有没有特别省心的神器?

☆当然有,在科技进步的时代,解决这种小问题不在话下。

 阳台遥控晾衣架

安装在阳台顶面,需要在装修时预留电源线,这种晾衣架能取代阳台吸顶灯,手持遥控器能控制升降,承载重荷达200KG。

顶部采用膨胀螺栓固定。

顶部底座上带有照明灯具。

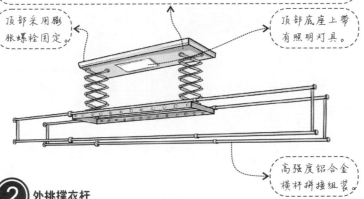

高强度铝合金横杆拼接组装。

② 外挑撑衣杆

安装在阳台护栏外部,需采用专用螺栓与支架固定在阳台护栏侧面,一般配置3~4根能收缩折叠的晾衣杆。折叠后的横杆近在尺尺,晾晒衣物伸手可得,安全系数高,承载重荷达200KG。

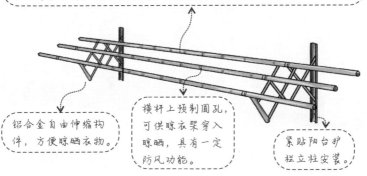

铝合金自由伸缩构件,方便晾晒衣物。

横杆上预制圆孔,可供晾衣架穿入晾晒,具有一定防风功能。

紧贴阳台护栏立柱安装。

堆满阳台是下下策

挤出来的阳台空间

◎阳台空间怎么看都很小，放下东西岂不是没有活动空间了？

☆阳台的空间是挤出来的，重点在于对储藏柜的利用。

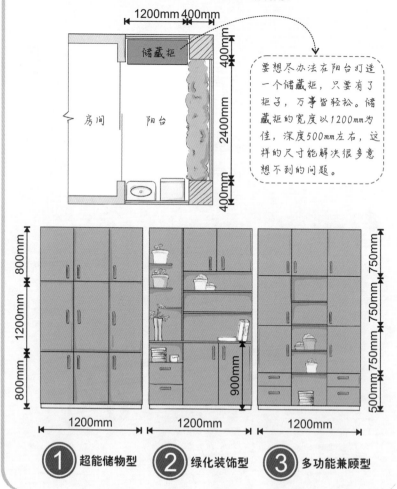

要想尽办法在阳台打造一个储藏柜，只要有了柜子，万事皆轻松。储藏柜的宽度以1200mm为佳，深度500mm左右，这样的尺寸能解决很多意想不到的问题。

1. 超能储物型

2. 绿化装饰型

3. 多功能兼顾型

阳光生活尽在仓库式阳台！

后记　养成良好的收纳习惯

收纳生活无处不在

◎家里柜子不少，但总觉得乱糟糟的，不知道该怎么办。

☆收纳是一种生活方式，时时刻刻存在于我们的生活中。养成良好的收纳习惯比做更多的收纳容器更重要。

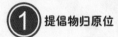 提倡物归原位

用完的物品随手放到原处，养成这个最基本的生活收纳习惯能让收纳变得特别轻松。在物归原处的过程中，还能发现家里存在更多的收纳空间，只不过被遗忘罢了，现在都可以重新利用起来。

② 抵制等下再收

抵制懒惰拖延的习惯，将凌乱的物品及时收拾干净，拖延症是家居收纳习惯的头号"敌人"。

等把电视看完了再收拾。

302

三分钟收纳

◎在日常生活中很难约束自己去收纳零碎的物品，造成家里很凌乱？

☆每天早、中、晚各挤出3分钟时间来对各种物品进行收纳，养成这个良好的生活习惯，家里不再变得乱了。

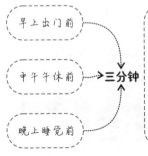

早上出门前

中午午休前 ➤ 三分钟

晚上睡觉前

生活中的三分钟无处不在，无论一整天的工作、学习、生活有多忙，每个人都可以挤出三分钟来处理各种琐事。家居收纳只需要这三分钟即可。看电视的广告时间、饭后活动时间等，都能成为家居收纳的三分钟。如果能将这三分钟定时执行，每天早、中、晚各挤出三分钟来完成触手可得收纳动作，那么生活中就没有凌乱了。

随手收纳的七个好习惯

◎随手收纳的确是个好习惯，但是很容易忽略琐碎的细节。

☆记住以下六个细节，养成这七个好习惯就能让收纳变得很轻松。

1 随手收拾报纸杂志

2 整理书桌上的文具

3 整理钱包票据

4 经常查看食物保存期限

5 对所有衣物都进行折叠

6 将不穿的鞋子放入储藏柜

整整家里囤了多少垃圾

◎东西都是买来的，怎么会有垃圾呢?

☆广义的垃圾包括常年闲置不用的东西，或者已经坏了总觉得还可以修好再用的东西……几乎家家户户都有一大堆，占据了你宝贵的收纳空间。

1 闲置不用的

买了新的，忘了旧的，旧的放起来常年不用。

新电器

旧电器

2 坏了但可能修好的

总想验证一下自己的维修水平，但总是事与愿违，只能放着等择日再修。

修玩具

3 被遗忘的

不知道什么时候买的衣服最容易遗忘。

遗忘的服装包包

4 情感上难割舍的

N年苦读过的书，难忘的合影，不忍扔掉。

合影

课本

富有情怀的收纳

◎怎样辨清哪些东西值得收纳？

☆列一个富有情怀的收纳标准，可以帮助你果断扔掉垃圾。

①体积小

体积小的东西便于收纳，如果有个精巧的包装盒那就应该好好保存。

②价值高

价值连城的物品一定要好好保存，投资、收藏是一种良好的理财习惯。

③记忆深

留下过美好回忆的东西，曾经形影不离的随身物品都是对感情的尊重。

④眷恋浓

经过努力拼搏获得的纪念，一辈子都会赋予浓厚的眷恋。

⑤情怀广

特殊的爱好，与众不同的情感，能激励勇往之前的生活信念。

分装与再利用

◎经过层层筛选后的东西该怎样收纳呢？

☆小件物品分装到各种容器中，大件物品可以考虑再利用。

1 小件物品的分装

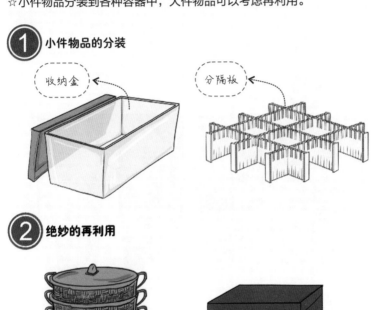

收纳盒

分隔板

2 绝妙的再利用

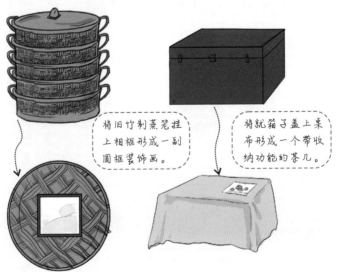

将旧竹制蒸笼挂上相框形成一副圆框装饰画。

将就箱子盖上桌布形成一个带收纳功能的茶几。

垃圾分类回收！

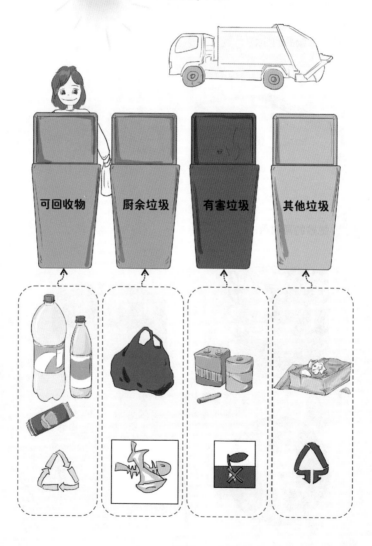

可回收物　　厨余垃圾　　有害垃圾　　其他垃圾

致　谢

家居住宅装修设计看似简单，其实涉及的细节特别多，仅仅依靠娴熟的绘图技能和丰富的读单、签单经验，是远远不够的。设计要深入就必须创新，设计要与收纳结合起来就更要创新，在不断创新的过程中才能开发出无穷无尽的收纳方法。在家居住宅装修设计中，最初的工作仅仅是设计绘图，如果设计仅仅依靠绘图来解决问题，那么这个问题一定是肤浅的，完全可以无需绘图就能解决。

在此，对家居收纳的根本方法进行总结如下：

1.每天出门前都要收纳整理，不要把收拾任务留到下班回家。

2.保证每天有10分钟的整理时间，哪怕3分钟的努力保证让你的居室环境大不同。

3.三思而后买，努力做一个理性的消费者，既不浪费钱，也不浪费宝贵的空间。

4.列出优先顺序表，把房间里最混乱的地方列成一个表格，从最需要整顿的地方着手。

5.循序渐进，最好每次只整理一个抽屉，而不要花一整天的时间收拾房间。

6.将最容易弄乱的东西分类摆放。

7.要求每个家庭成员整理自己物品。

8.用便于记忆的方式收纳物品，将收纳容器保存在一个固定的地方。

9.诚实面对自己，如果某样东西你不喜欢了，不要勉强自己留住它。

10.不要过于追求完美，没必要过于追求华而不实的家。

从2010年开始，公司就采取硬装与软装设计分离制，每个设计项目都配有专职的硬装设计师和软装设计师，有幸的是，我主动申请软装设计组组长的职务获得批准。此后，装饰陈设设计与收纳设计开发成为了我的工作重心。如今，整好是8年的硬装设计加8年的软装设计，特别感谢公司领导给我提供这么完美的工作平台与工作环境。

对图书出版一直怀有憧憬的我，如今终于如愿以偿了，从一名家居装修设计师转变成一名兼职图书作者，要特别感谢领导对我的培养。每次遇到设计难题，总会有各路同事对我伸出援助之手。在编写这本书的6个月时间里，设计部9名同事与领导主动承担了我手头的设计项目，让我专注编书，当我遇到困难时，他们都来全力协助，让我超级感动。本书的编写得到了以下同事、朋友的帮助，衷心感谢他们提供的资料、素材。

董道正、胡江涵、雷叶舟、李星雨、廖志恒、刘婕、彭曙生、王文浩、王煜、肖冰、袁徐海、张礼宏、张秦毓、钟羽晴、朱梦雪、祝丹、邹静、柯玲玲、张欣、赵梦、刘雯、李文琪、李艳秋、刘岚、邵娜、郑雅慧、邓诗元、桑永亮、权春艳、吕菲、蒋林、付洁、董卫中、邓贵艳、陈伟冬、曹令杰、汤留泉、鲍莹、安诗诗、张泽安、祖赫、朱莹、周姗、赵媛、张航、张刚、张春鹏。

愿热爱生活的你能从本书中获得启发，和我一起开拓思维，创意出更多家居收纳方法。

编者

310